JN073235

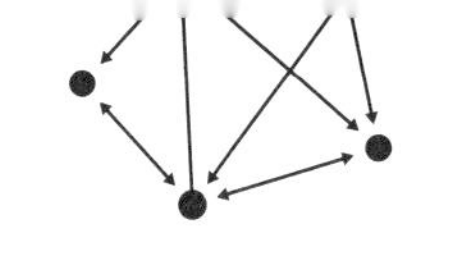

木浦幹雄 著

デザインリサーチの演習

DESIGN RESEARCH: BUILD, TEST, REPEAT

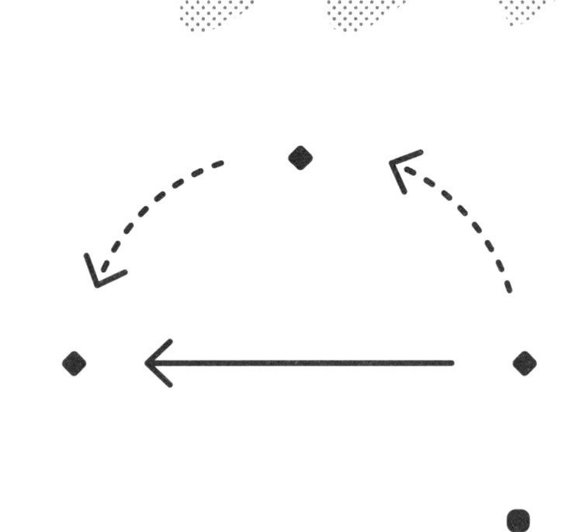

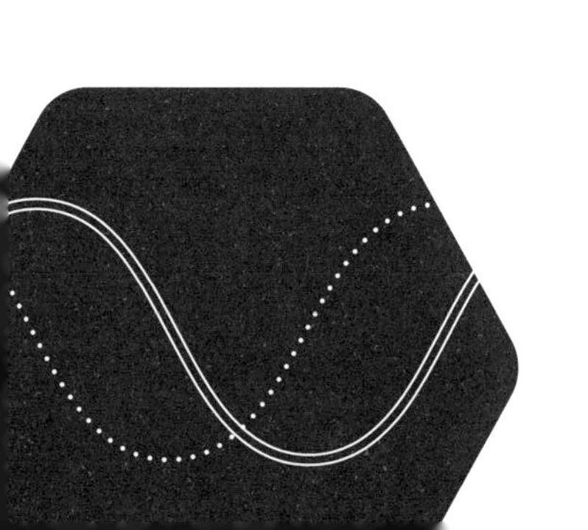

はじめに

デザインリサーチに対する注目が高まっている。デジタルなプロダクトやサービスづくりの現場はもちろんのこと、製造、小売、金融、医療、教育、行政など様々な領域で、より深いユーザー理解と仮説の構築、そして検証を繰り返すことの重要性が理解され始めている。複雑化し、急速に進化する現代社会において、人々のライフスタイルや価値観、ニーズ、要求が多様化している。この状況の中で、意味のあるプロダクトやサービスを生み出すためには、様々な人々を巻き込みながら、彼らと一緒にものづくりを進めるプロセスやマインドセットが必要不可欠である。

2020年に上梓した『デザインリサーチの教科書』(BNN) では、デザインリサーチの意義やそのプロセスについて紹介させていただいた。有り難いことに2024年4月時点で第6版まで重ねており、多くの現場でこの本が活用されていることを示している。また、私が発起人のひとりとなって2022年に始めた、デザインリサーチを主要なテーマとして扱う「リサーチカンファレンス」は、毎年2000人以上の参加者を集める規模のイベントとなっている。2023年には東京だけでなく、京都、福岡、名古屋でもイベントを開催するなどデザインリサーチに興味を持つ人、あるいは実践する人のコミュニティは着実に大きくなっている。

一方で、デザインリサーチをどのように始め、正しく実践し、スキルを向上させるかについては、多くの疑問や課題が存在する。「デザインリサーチをどのように始めればよいのかわからない」「自分たちのやり方が正しいのかどうかわからない」「デザインリサーチのスキルをもっと高めたい」といった相談を受けることも珍しくない。

デザインリサーチは魔法ではなく、武術のようなものである。実践を通して身に付け、磨き上げる必要がある。しかしながら多くの (特に、これまでデザインリサーチに積極的に取り組んでこなかった) 現場においては、初学者がデザインリサーチを実践する機会を掴むのは困難であることが多いだろう。

本書は、このような背景を踏まえ、入門者がデザインリサーチに取り組む際に直面する障壁を取り除き、経験者がさらにスキルを磨くためのガイドとなるべく執筆した。『デザインリサーチの教科書』によってデザインリサーチのプロセスを体系的に学び、本書『デザインリサーチの演習』によってデザインリサーチの実践を重ねることにより、デザインリサーチの価値を最大限に引き出し、プロダクトやサービスの開発により貢献できることを目指している。

デザインリサーチを通してプロダクトやサービスの創出や改善に貢献するためには、デザインリサーチの計画から実査、分析、解くべき問題の設定、アイデア創出、コンセプト作成までの諸段階において実践的なスキルが求められる。本書はこれらの各ステップを具体的なワーク形式で紹介することによって、読者自身のプロジェクトに即したリサーチを実施するためのガイドラインを提供する。また、本書を参考にしチーム内で小規模にデザインリサーチのワークショップを実施してみることにより、プロジェクトメンバーにリサーチの価値を理解してもらうためにも活用できると考えている。

デザインは単に視覚的、あるいは造形的な魅力を追求する活動ではない。体験としての美しさを作る行為であり、体験を形作るには人々を知らなければならない。

読者一人ひとりによる、デザインリサーチを活用した、より美しい体験作りへの貢献を期待している。

木浦幹雄

もくじ

はじめに …… 2
本書の使い方 …… 8

0 デザインリサーチとは …… 10

ダイジェスト デザインリサーチの概要 …… 12
ダイジェスト リサーチプロジェクトの作り方 …… 16

1 準備と計画 …… 20

1-1 プロジェクト開始前ワーク …… 22

ダイジェスト チームビルディング …… 23
01 チームビルディングワーク …… 28
02 チームで大切にしていることを擦り合わせよう …… 30
03 解くべき問題を捉えてみよう …… 32
04 ステークホルダーは誰だろう？ …… 34
05 チームメンバーの持つバイアスを探そう …… 36

1-2 リサーチ設計ワーク …… 38

ダイジェスト リサーチの設計 …… 39
01 リサーチの計画を立てよう …… 48
02 インタビューを設計しよう …… 50
03 観察を設計しよう …… 54

1-3 インタビュー練習ワーク …… 56
ダイジェスト インタビュー …… 57
01 5Whysで深堀りしてみよう …… 68
02 日課について聞いてみよう …… 72
03 かばんの中身をシェアしよう …… 74
04 オープンエンド/クローズドエンドクエスチョンを試してみよう …… 76
05 アクティブリスニングをやってみよう …… 78
06 ロールプレイしてみよう …… 80

2 メソッドの実践 …… 82

2-1 リサーチ実践ワーク …… 84
ダイジェスト リサーチの実践 …… 85
01 エンパシーマップを作ってみよう …… 94
02 感情曲線を作ってみよう …… 96
03 ジャーニーマップを作ってみよう …… 98
04 リレーショナルマップを作ってみよう …… 100
05 日記調査をやってみよう …… 103
06 リサーチツールをデザインしてみよう …… 106
07 観察手法による違いを発見しよう …… 109
08 シャドーイングをやってみよう …… 112

2-2 リサーチ分析ワーク …… 114
ダイジェスト リサーチの分析 …… 115
01 観察からのAEIOUマップを作ってみよう …… 126
02 カスタマープロファイルを作ってみよう …… 128
03 ダウンロードをしてみよう …… 130
04 インサイトを作ってみよう …… 132

05 HMW問題を作ってみよう …… 135
06 ペルソナを作成してみよう …… 137
07 バリュープロポジションマッピングをしてみよう …… 139
08 サービスブループリントを作ってみよう …… 142

2-3 アイデア創出ワーク …… 144
ダイジェスト アイディエーションからコンセプト作成まで …… 145
01 ラピッドアイディエーションをやってみよう …… 156
02 与えられた役割でディスカッションをしてみよう …… 158
03 コンセプトを作ってみよう …… 161
04 ストーリーボードを作ってみよう …… 164
05 エクスペリメントをやってみよう …… 166
06 Anti-Solutionsからの改善をやってみよう …… 169

2-4 アイデア検証ワーク …… 172
ダイジェスト 仮説検証のためのプロトタイピング …… 173
01 仮説検証戦略を作ろう …… 184
02 ユーザビリティテストをやってみよう …… 186
03 アクティングアウトをしてみよう …… 189
04 紙とペンでプロトタイピングをしてみよう …… 192
05 ビデオでラピッドエクスペリエンスプロトタイピングに挑戦しよう …… 195

3 エクササイズ …… 198

01 パートナーの好きなものを訴求するためのポスターを作ってみよう …… 200
02 パートナーの念能力や超能力をデザインしよう …… 202
03 パートナーの日常を理解し改善を提案してみよう …… 205

04 リサーチを起点に新しいサービスをデザインしてみよう …… 208

05 リサーチを起点に既存のサービスを改善してみよう ………… 210

06 リサーチを起点に業務改善に挑戦してみよう ……………………… 212

リサーチワークの進め方とマインドセット ……………………………… 214

おわりに ……………………………………………………………………………………… 222

付録：インタビューのサンプル文書

以下のダウンロードサイトから、インタビューのサンプル文書がDLできます。インタビューを実施する際の参考に、またインタビュー後のプロセスを試してみるワークショップ時に、サンプルとしてご利用いただけます。
https://www.bnn.co.jp/blogs/dl/designresearch/

本書の使い方

本書の構成は下記の通りとなっている。全3章を通して47のワークに取り組むことができ、1章・2章の各節はデザインリサーチのプロセスに沿っている。3章では、2章の一連の流れをクイックに体験できるエクササイズを紹介している。

1　準備と計画
- **1-1　プロジェクト開始前ワーク**（5ワーク）
- **1-2　リサーチ設計ワーク**（3ワーク）
- **1-3　インタビュー練習ワーク**（6ワーク）

2　メソッドの実践
- **2-1　リサーチ実践ワーク**（8ワーク）
- **2-2　リサーチ分析ワーク**（8ワーク）
- **2-3　アイデア創出ワーク**（6ワーク）
- **2-4　アイデア検証ワーク**（5ワーク）

3　エクササイズ（6ワーク）

各ワークは読者自身の状況や目的に合うものを臨機応変に取り入れて構わない。ただし、デザインリサーチの経験がない方は、ぜひ頭から読み進めてほしい。

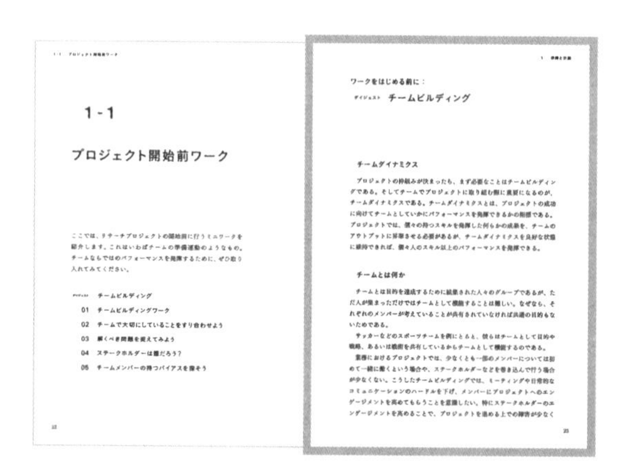

1-1

プロジェクト開始前ワーク

ここでは、リサーチプロジェクトの開始前に行う5つのワークを紹介します。これはいわばチームの準備運動のようなもの。チームならではのパフォーマンスを発揮するために、ぜひ取り入れてみてください。

ダイジェスト　チームビルディング
- 01　チームビルディングワーク
- 02　チームで大切にしていることをすり合わせよう
- 03　解くべき問題を捉えてみよう
- 04　ステークホルダーは誰だろう？
- 05　チームメンバーの持つバイアスを探そう

ワークをはじめる前に：
ダイジェスト　チームビルディング

チームダイナミクス

チームとは何か

水色地の「ダイジェスト」は、前作『デザインリサーチの教科書』における3章「デザインリサーチの手順」から、手を動かす前に踏まえておいてほしい要点を抜き出してまとめ直したテキストである。前作を読んでいただいた方はおさらいとして、または今作から手に取った方はワークの前段の座学として、目を通していただけるとスムーズに演習に入っていけるだろう。

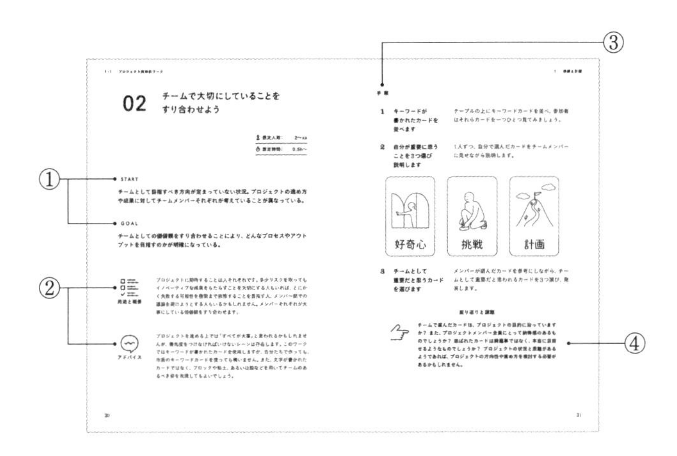

　白地の「ワーク」が、今作『デザインリサーチの演習』のメインコンテンツである。すぐに取り組めるデザインリサーチのワークを2～4頁単位で紹介している。

①「START」はワークに取り掛かる前の状態を、「GOAL」はワークを経てどうなっているかを示している。
②「用途と概要」はワークの目的と重要なポイントを、「アドバイス」はマインドセットやワークのヒントを示している。
③「手順」は、実際に今からやることとして代表者が参加者に声を掛けやすいよう、簡易的な手順と工程の説明に分けた。
④「振り返りと課題」は、ワークをやりっ放しにしないために必要な評価の仕組みである。その場の成果に満足するのではなく、次の行動に繋げるための活動として、取り組み自体の意義を理解できるまで問い直してほしい。

　また、ワークは対面（オフライン）を前提にした表現が多くなっているが、工夫すればオンラインでも実施できる。オンラインコミュニケーションツールを活用して、対面との違いを意識しながら、遠隔でも取り組んでみるとよいだろう。

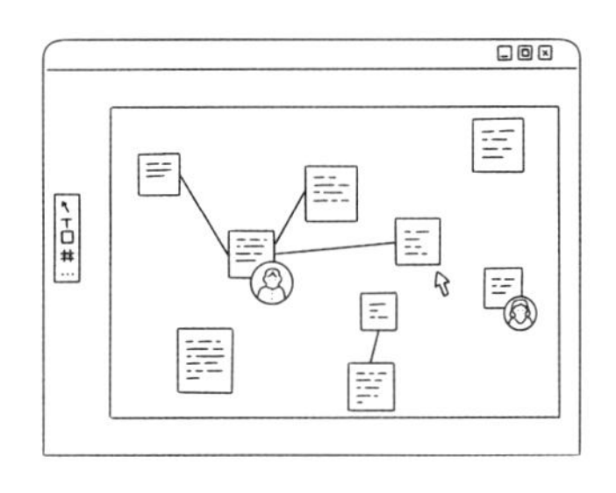

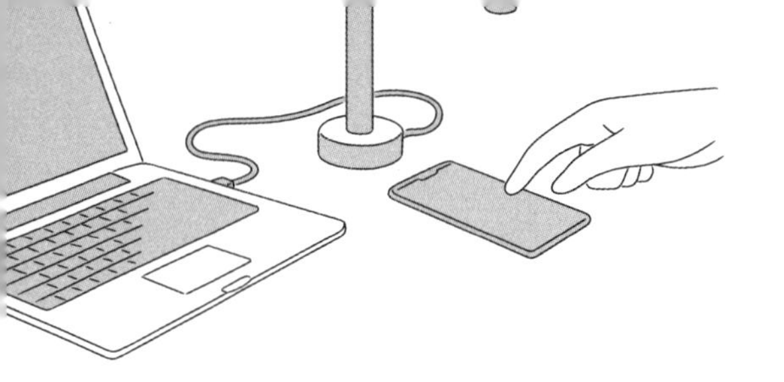

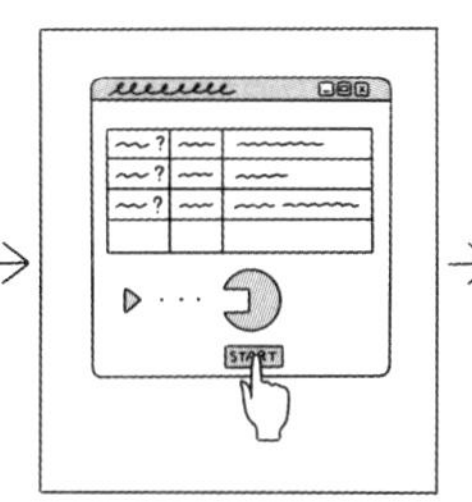

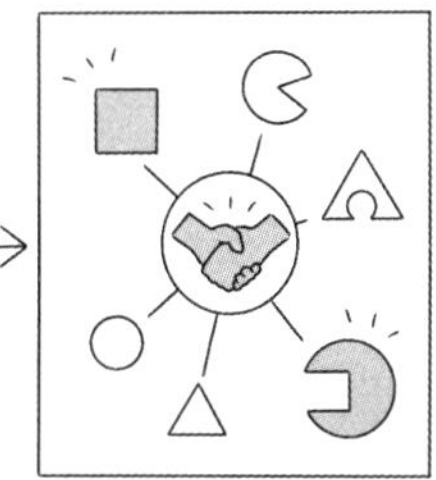

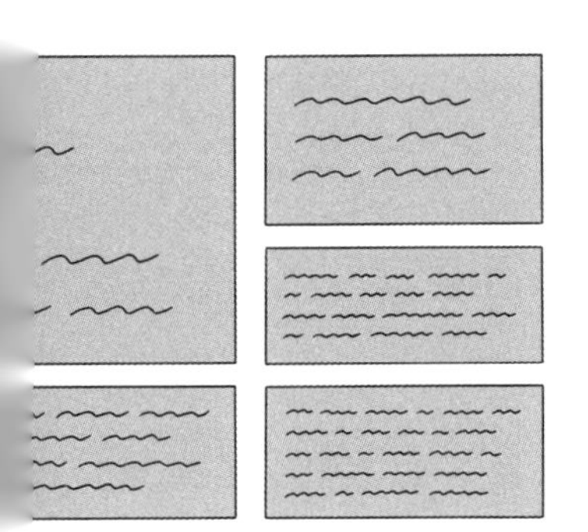

デザインリサーチとは

本書のテーマであるデザインリサーチとはどのようなもので、なぜデザインリサーチが必要なのでしょうか。どのようなシーンでデザインリサーチが活用されるのか、またリサーチプロジェクトがどのように始まるのかを見ていきましょう。

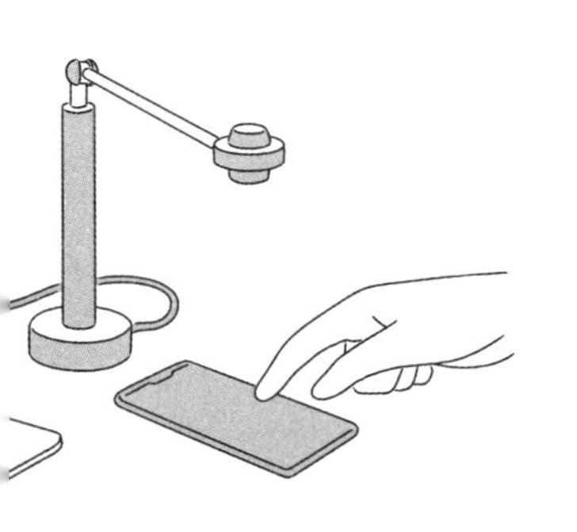

ワークをはじめる前に：

ダイジェスト　デザインリサーチの概要

本書におけるデザインリサーチ

デザインリサーチという言葉が指し示す範囲は非常に広く、様々な意味で使われている。学術界では、プロダクトがどのようにデザインされているか、その手法やプロセスに関する研究を「デザインリサーチ」と呼ぶ。一方で、産業界では、プロダクトをデザインするためのリサーチ、つまり人々や社会などプロダクトが置かれる状況を理解するためのリサーチを「デザインリサーチ」と呼ぶことが多い。この場合、デザインリサーチはプロダクトのデザインプロセスの一部であると捉えることができる。本書のテーマは産業界におけるデザインリサーチである。

プロダクトをデザインするためのリサーチ

プロダクトをデザインするためのリサーチとはどのようなものを指すのだろうか。多くのデザイナーは、丹念に様々な情報を集め、整理し、知見を見いだし、アイデアを創出するという、ある種のプロセスを持っている。私たちがデザイナーのセンスとして認識しているものは、それらのプロセスを経て分析した上で導き出されるソリューションなのである。

デザイナーがプロダクトをデザインする前に、あるいは初期段階で収集する情報は、多岐にわたる。デザインに着手したあとも、プロジェクトは正しい方向へ向かっているだろうか、ユーザーに受け入れられるだろうか、ビジネスとして成功するだろうかなど、様々な事項についてリサーチを重ねる。リサーチはプロダクトをデザインするため、あるいは意思決定を支えてプロジェクトを前に進めるために行われる。これら多種多様なリサーチを、私たちはデザインリサーチと呼ぶ。

デザインリサーチの目的

デザインリサーチの目的は大きく分けると2つである。ひとつ目は可能性を広げること。そして、ふたつ目は可能性を狭めること、つまり意思決定をすることである。

新しいプロダクトをデザインする際には、そのプロダクトを通してどのような価値を提供できるか、またユーザーが抱える課題を解決できるかについて、検討する必要がある。しかし、すでに明らかになっている価値や課題は、すでに何らかのプロダクトが存在するか、解決が難しいことが多い。新しいプロダクトをデザインするためには、人々や社会が持つ課題やニーズの中から、まだ解決されておらず、かつ現実的なコストで解決可能なものを見つけ出す必要がある。価値の大きさと解決難易度の関係を図0-1に示す。合理的に考えるのであれば、私たちが挑戦すべきは左上、つまり価値が高く、解決が容易な領域である。このような課題やニーズのことを「機会」と呼ぶ。デザインリサーチの目的のひとつは、可能性を広げることである、と述べた。可能性とは機会のことであり、様々な機会を見つけることが可能性を広げることにほかならない。

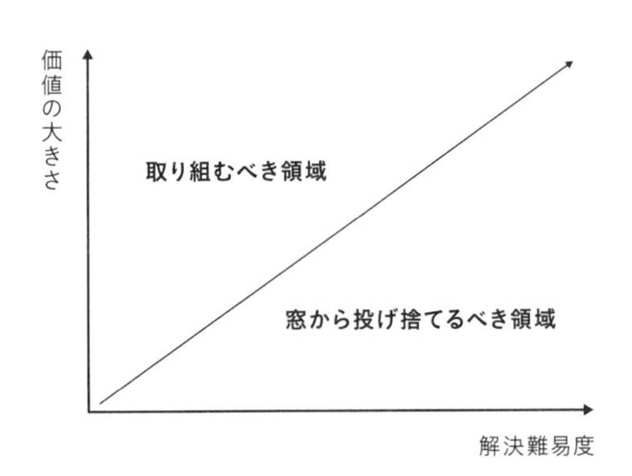

図0-1

可能性を広げたあとは、どの機会に対して取り組むべきか？ あるいは、その機会に対するソリューションとして適切なのはどれか？ 考えたソリューションが適切であるか？を判断する必要がある。これがデザインリサーチのふたつ目の目的として述べた、可能性を狭めることであり、意思決定をすることである。プロジェクト開始の段階では、どのような道が目の前にあるかわかっておらず、道の大半が雲で隠れている。そこでまず、目の前にどのような道があるかを探索する。これが可能性を広げるリサーチである。

取り得る複数の選択肢が目の前にある場合は、おそらく何らかの指標に基づいて選択肢に優先順位をつけ前に進むことになる。もちろんその選んだ道が間違いである場合もあるが、それもひとつの成果である。このような、次に進むべき道を決定するためのリサーチが意思決定のためのリサーチ、あるいは選択肢を捨てるためのリサーチである。

機会からソリューションを見いだす

ここで説明した選択肢を機会（Opportunity）と呼び、選択肢を広げる行為を機会発見（Opportunity Finding）と呼ぶ。デザインリサーチでは課題を解決するための方法を直接検討するのではなく、一度機会に変換する。そしてそこから課題を解くためのソリューションを探索するのである。つまり、デザインリサーチは可能性のある選択肢を見つけ出すことによって、より良いソリューションを実現するための方法であるともいえる。

このように機会を定義してからソリューションを見いだす意味のひとつは、手戻りを少なくできるということである。課題に対して適切だと思ったソリューションがうまくいかなかった時、機会がすでに定義されていれば（定義された機会が適切であったという前提ではあるが）、その機会に対して別のソリューションを考えることができる。

もうひとつは、プロセスの透明性を高め、プロセスの改善に取り組むためである。機会の定義に課題があるのであれば、より綿密にリサーチする必要性や、選ぶリサーチの方法または結果から機会の導出過程に改善すべき点があるとあたりを付けることもできるだろう。一方で、ソリューションの導出に課題があるのであれば、アイディエーション（アイデアを出すこと）の方法や、アイデアの選択方法に改善の余地があるかもしれない。いずれにせよ、解決方法へのステップを明確にすることによって、プロセスの検証が可能になり、プロセスの改善が容易になる。

私たち人間の強みのひとつはクリエイティビティであり、創造力を駆使して自由な発想ができる。一方で、クリエイティビティを発揮するためにはある程度の制約が必要である。人はあまりにも自由に発想してよいと言われると逆に萎縮してしまい、アイデアが生まれなくなる。そのため、いかに適切にアイデアを出すための制約を作るかがポイントとなる。デザインリサーチとは、デザインをするために必要な、制約づくりであるともいえよう。

デザインプロセスにおけるデザインリサーチの範囲

本書におけるデザインリサーチは、デザインするために必要な各種情報を集め提供することである。しかしながら、一度のデザインリサーチで確実な情報を取得し、それをもとにデザインされたプロダクトが完璧である、というケースはほぼ存在しない。リサーチとデザインのあいだをイテレーティブに、つまり行ったり来たりを繰り返しながらプロダクトを成長させ、理想的な状態に近づけていくことが必要である。

一方で、デザインリサーチを実施した上で提供した情報にどの程度の妥当性があるかを確認するプロセスもまた、デザインリサーチといえるであろう。私たちデザインリサーチャーのアウトプットであるインサイトや機会の妥当性を何らかの手段で検証しようとすると、それらアウトプットに基づきデザインが可能であるかどうかを無視して語ることはできない。デザインリサーチャーは、リサーチそのものだけではなく、プロダクトデザインプロセス全体をいかに良いものにするかについても責任を持つべきであるとの考えから、本書ではデザインリサーチャーが関わる領域としてアイディエーションやコンセプト作成、プロトタイピングについても扱う。

併せてデザインリサーチのプロセスについても述べておきたい。デザインリサーチはある工程をやったら次の工程、その次はあの工程のように一直線の道ではなく、仮説を立て調査の準備をし、調査をし、反映させるというサイクルを繰り返すことによって人々とプロダクトを理解していくのである。よって、大まかな流れを示してはいるが、改善を繰り返すことが前提となる。

ワークをはじめる前に：

ダイジェスト　リサーチプロジェクトの作り方

プロジェクト設計

どのようにしてプロジェクトが始まるかには様々なケースが考えられるが、デザインリサーチは基本的にプロジェクトである。プロジェクトとは何らかの目的を達成するためのタスクの集合体であり、その目的を達成するためには計画づくりが重要となる。その計画とはプロジェクトの実施スケジュール、予算、チーム構成、求められる成果など様々な要素から構成され、これらの項目についてステークホルダーと擦り合わせを行っておくことがプロジェクト成功の鍵といっても過言ではない。

何のためのプロジェクトか

プロジェクトの輪郭を考えるにあたって、明確にすべきは、プロジェクトの存在意義であり、我々は何のためにプロジェクトに取り組むのか？である。プロジェクトの結果達成したいこと（アウトカム）は何か？と、成果物（アウトプット）として何があるべきか？と捉えてもよいだろう。どのようなアウトプットを受け取る側が期待しているのか、あるいはどのようなアウトプットがあればプロダクト開発を加速させることができるだろうか。

リサーチプロジェクトに取り組む際には、アウトプットとアウトカムを区別するように意識してほしい。アウトプットとは、リサーチの結果得られたインサイトや機会、あるいはペルソナやジャーニーマップのようなもの、または報告書かもしれない。一方で、アウトカムとは、情報そのものではなく、それらアウトプットを利用してどのようなインパクトを与えられるかである。

よって、アウトカムに繋がるための適切なクオリティについて検討する必要がある。場合によってはIllustratorなどで綺麗に作ったジャーニーマップである必要はなく、手書きのジャーニーマップで十分な場合もあるだろう。アウトカムを意識せずにアウトプットを作成すると、労多くして功少なしとなってしまうので注意が必要である。

システム開発のためのリサーチプロジェクトであれば、要件定義に相当するようなアウトプットを期待されることもある。要件定義とは、システム開発に着手できるようなアウトプットであるが、そのシステム開発にも様々なスタイルがある。

少なくともデザインリサーチャーは、リサーチ結果がプロジェクト終了後、どのように利用され、どのような開発プロセスを経て、顧客に届けられるかを意識する必要がある。

プロジェクトメンバー

プロジェクトを効率よく進めるために、そしてプロジェクトの成果を最大限に活用するために、どのような人々にプロジェクトに参加してもらうのがよいだろうか。メンバー構成は下記のようなパターンが想定される。

– デザインリサーチャー主体

まず、デザインリサーチャーが主体となって取り組むケースである。自社で開発・運用しているプロダクトの評価を行う場合は、プロダクト開発に関わったエンジニアや、デザイナー、あるいはプロダクトオーナーやプロダクトマネージャーなどが関与する可能性があるだろう。場合によっては、デザイナーやプロダクトマネージャーがリサーチャーを兼ねる場合もあるかもしれないが、基本的には彼らはリサーチに積極的に参加するというよりは、あくまでもリサーチを依頼し、その結果を受け取る立場での関与となることが多い。

– デザインリサーチャー ＋ 関係者

プロジェクトが対象とする領域についてデザインリサーチャーがあまり詳しくない場合は、デザインリサーチャーと関係者でひとつのチームとして、一緒に取り組むケースが多い。その領域の関係者を巻き込んでリサーチプロジェクトを推進するほうが効率が良いからである。専門知識を持つ関係者と、対象とする領域の専門知識には乏しいがリサーチのスペシャリストであるデザインリサーチャーがチームとしてプロジェクトに取り組むことで、本質的な課題を捉え、より具体的で実現性の高いソリューションを見いだすことができるだろう。

– 関係者主体

一方で、デザインリサーチャーがファシリテーターやコーチとしての立ち回りに終始し、関係者が主体となってリサーチに取り組むケースもある。例えば、新規事業創出プロジェクトなどで、デザインリサーチやデザインシンキング、プロダクトマネジメントのノウハウを取り入れたいといったケースや、また多くの企業がそうであるように、組織内にデザインリサーチの専門家がいないが、開発チームでデザインリサーチに挑戦してみよう、といったケースである。デザインリサーチに関するスキルや知識のあるメンバーがプロジェクト内にいるに越したことはないが、まずは形からでもデザインリサーチに取り組み、その威力を実感してみてほしい。

プロジェクトスケジュールと予算

リサーチの対象がプロダクトであれば、デザイン、開発、テストなどいくつかのステップが計画されており、それらは他の作業の進捗に依存していることが大半である。例えば開発が必要なプロダクトの場合、リリース日から逆算して、いつまでにリサーチを完了させる必要があるかを算出することもできるが、それらマイルストーンがすでに決まっており動かすことが困難な場合は、そこに間に合うようにプロジェクトを計画する必要が出てくる。

また、デザインリサーチを進める上で予算が必要になるケースは往々にして発生する。私の経験上、発生する可能性がある予算は下記のようなものであり、金額が大きくなる可能性がある順に並べた。

– 旅費
– リサーチ協力者への謝礼（リクルーティング費用）
– 備品
– リサーチツール
– 場所代

プロジェクトで海外でのリサーチが必要かどうかはあらかじめ予測しやすいが、失念しがちなのが国内でのリサーチにおける遠方への出張の必要性の有無である。同じ日本に住んでいるのであれば、どこに住んでいても同じような生活をしていて同じような考え方を持っていると思ってしまいがちだが、東京あるいは東京近郊と、それ以外の地域では生活スタイルが大きく異なる。リサーチを計画する段階で必要性を判断し、予算を確保しておくべきである。

次に、リサーチ協力者への謝礼や、リクルーティング費用である。これはインタビューやワークショップなどを実施する場合に発生する可能性がある。また、リクルーティング会社を利用して協力者を集める場合は、リクルーティング会社へ支払う費用も発生する。

備品は利用できるものがあればよいが、プロジェクトの内容によっては別途機材を用意する可能性がある。また、リサーチツールとしてポスターなどを印刷する場合はその費用を計上する必要があるだろう。例えばワークショップの中で、大きく印刷されたカスタマージャーニーマップを囲んで参加者と一緒にポストイットを貼り付けながら作成したいシーンがあると思うが、縦横数メートル以上のサイズのカスタマージャーニーマップを印刷するには数万円以上の費用がかかる。さらに、インタビューやワークショップを実施する際に場所を借りる場合は、場所代が必要となる。

とはいえ、プロジェクトの計画段階で、必要なすべての予算を事細かに見積もるのは現実的ではないため、大きな予算については少なくとも最初の段階で承認を取って確保しておき、消耗品や場所代については必要に応じて承認を取ることになるだろう。

プロジェクトのアウトカム、メンバー、スケジュール・予算は、この順序通りに検討しなければならないというわけではない。必要なアウトカムがまずあり、それを実現するために必要なメンバーやスケジュールを検討するケースもあれば、まずチームありきで何ができるか検討してみよう、といったケースも当然ある。決まっているスケジュールに対してできる範囲でリサーチを計画するケースもあるはずだ。まずはいるメンバーで、手元にある物でやってみようと取り組むのも大事である。デザインプロセスにデザインリサーチを取り入れ、プロジェクト化する意識で取り組んでもらえたら嬉しい。

A:アーティスト

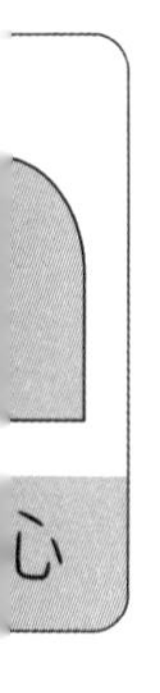
心

挑戦

計画

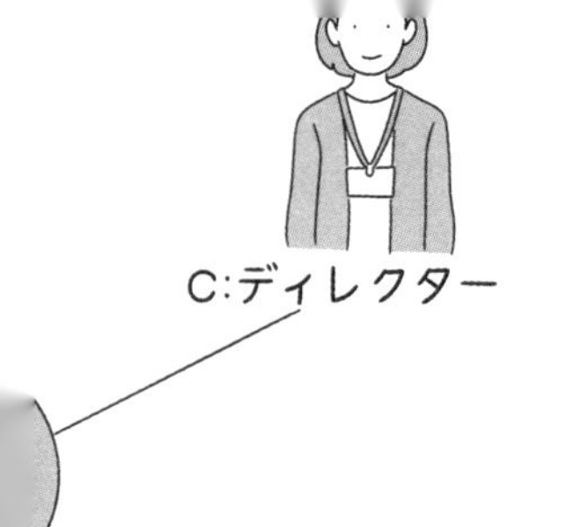

1

準備と計画

チームでの作業には慣れていますか？ リサーチを計画したことはありますか？ インタビューをしたりされたりした経験はありますか？ 実際のチームやプロジェクトの中でも試せるミニワークで、不安を解消していきましょう。

1-1　プロジェクト開始前ワーク

1-2　リサーチ設計ワーク

1-3　インタビュー練習ワーク

1-1

プロジェクト開始前ワーク

ここでは、リサーチプロジェクトの開始前に行うミニワークを紹介します。これはいわばチームの準備運動のようなもの。チームならではのパフォーマンスを発揮するために、ぜひ取り入れてみてください。

ダイジェスト　チームビルディング
01　チームビルディングワーク
02　チームで大切にしていることを擦り合わせよう
03　解くべき問題を捉えてみよう
04　ステークホルダーは誰だろう?
05　チームメンバーの持つバイアスを探そう

ワークをはじめる前に：
ダイジェスト　チームビルディング

チームダイナミクス

プロジェクトの枠組みが決まったら、まず必要なことはチームビルディングである。そしてチームでプロジェクトに取り組む際に重要になるのが、チームダイナミクスである。チームダイナミクスとは、プロジェクトの成功に向けてチームとしていかにパフォーマンスを発揮できるかの指標である。プロジェクトでは、個々の持つスキルを発揮した何らかの成果を、チームのアウトプットに昇華させる必要があるが、チームダイナミクスを良好な状態に維持できれば、個々人のスキル以上のパフォーマンスを発揮できる。

チームとは何か

チームとは目的を達成するために結集された人々のグループであるが、ただ人が集まっただけではチームとして機能することは難しい。なぜなら、それぞれのメンバーが考えていることが共有されていなければ共通の目的もないためである。

サッカーなどのスポーツチームを例にとると、彼らはチームとして目的や戦略、あるいは戦術を共有しているからチームとして機能するのである。

業務におけるプロジェクトでは、少なくとも一部のメンバーについては初めて一緒に働くという場合や、ステークホルダーなどを巻き込んで行う場合が少なくない。こうしたチームビルディングでは、ミーティングや日常的なコミュニケーションのハードルを下げ、メンバーにプロジェクトへのエンゲージメントを高めてもらうことを意識したい。特にステークホルダーのエンゲージメントを高めることで、プロジェクトを進める上での障害が少なくなり、リサーチの成果をプロダクトに繋げる際によりスムーズな導入が可能になる。

チームの成長

多くのチームは、図1-1-1の順に成長していくとされる（Bruce Tuckmanが提唱したモデルであり「Tuckman's stages of group development」と呼ばれる）。

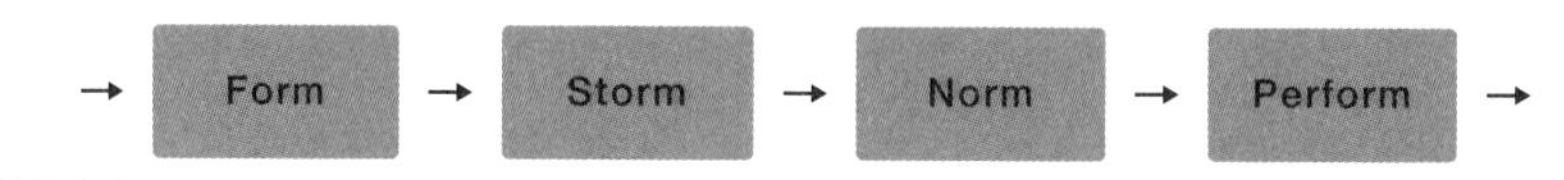

図1-1-1

Forming（形成期）とは、チームが形成される最初期のことであり、図にすると図1-1-2のようになる。各参加者は同じ場にはいるものの、見ている方向はバラバラであり、チームと呼べるような状態ではない。特に、プロジェクトに複数の部署からメンバーが参加するケースでは、お互いがお互いの様子を見ながら、あるいは牽制しながら議論が進む場合がある。なぜならお互いの利害が必ずしも一致するとは限らないからである。チームとしてプロジェクトに取り組むためには、共通の価値観を持ちひとつのゴールに向かって走り出せる状態を作り出していく必要がある。

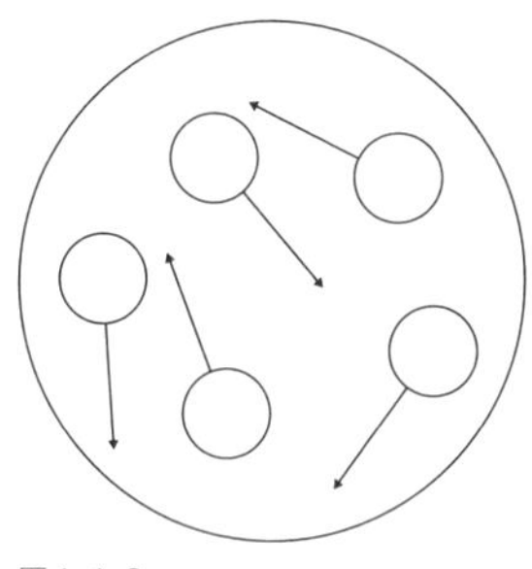
図1-1-2

Storming（混乱期）とは、チームが形成されたあとに乗り越えなければならない最初の段階のことであり、チームのゴールやプロジェクトの進め方に対する認識の違いや、あるいは人間関係などで対立が生じる状態である。図にすると図1-1-3のようになる。メンバーの関心は他のメンバーに向かっており、プロジェクト内

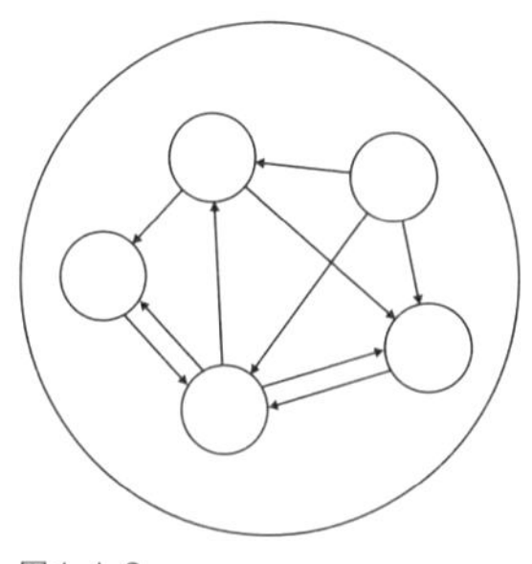
図1-1-3

での行動、打ち合わせでの発言、あるいはプロジェクトに貢献しようとする姿勢など、様々なことが気になるだろう。現時点で様々な経緯によって同じプロジェクトに参加しているが、これまでそれぞれ異なる経験を積んできたわけであり、プロジェクトへのモチベーションについても差があるのは仕方がない。

このような差異はプロジェクトが進むにつれて顕在化するのが常である。一つひとつは些細なことであっても積み重なることで大きな軋轢を生む可能性がある。日本人は特に、チームメンバーの和を重んじ、配慮が得意であるように感じる。これは大変良いことである一方で、このステップをストレスに感じることもあるはずだ。対立を避けるように流すこともあるが、これではチームとしてパフォーマンスを出すことは難しく、このフェーズを避けて次に進んでしまうと、パフォーマンスは低下しプロジェクトが空中分解することもある。多くの人は、これまでの経験の中から思い当たるフシがあるのではないだろうか。

Norming（統一期）とは、チームとして共通の規範や役割分担が出来上がった状態である。図1-1-4のようにお互いを理解し、場合によっては譲歩しながらチームとしてプロジェクトに取り組む方法について合意に達している状態だ。それぞれがどのように動けばいいかを理解して、その役割をこなしていく。

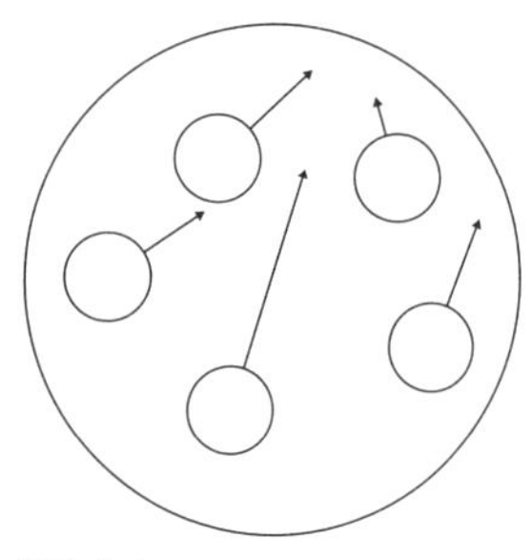

図1-1-4

Performing（機能期）とは、図1-1-5のようにチームメンバーが同じ方向を向き、成果を出すフェーズである。このフェーズになると、リーダーが事細かに指示を出すようなことはせずとも、各々が自分の役割を認識し、チームとして成果を出すことができるようになっている。

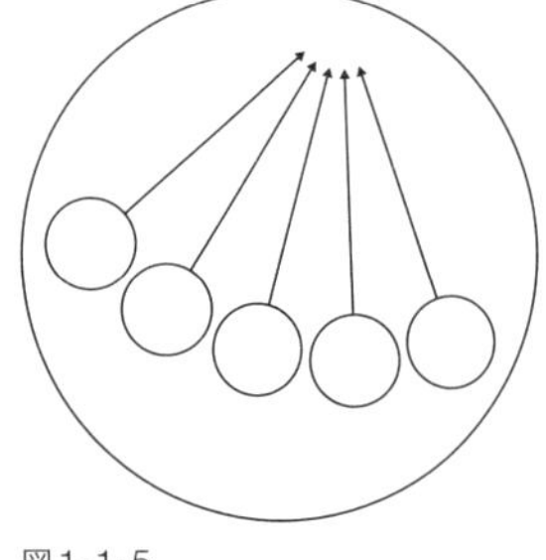

図1-1-5

このように、チームが形成され、成果を出すまでのステップをこうした4つのフェーズに分けて見ていくと、プロジェクトを成功させるためのひとつの鍵は、前述した混乱期をいかに乗り越えるかであるといえる。

必要な対立

しかし、なんでもいいからとりあえず対立を起こせばよいという話ではない。混乱期にあまりにも深刻な対立を生じさせてしまうと乗り越えるにも困難がつきまとうし、プロジェクトが崩壊してしまう場合もある。そこで、コントロール可能な範囲で意図的に対立を生じさせて、混乱期をスムーズに乗り越えることを試みる。これがチームビルディングの基本的な考え方である。

図1-1-1に示した成長モデルの別のバリエーションとして、Pamela Knightが提示したDAUモデルが存在する。このモデルでは最初のFormのみが失敗しても戻ることの難しい重要なステップであり、次のNorm、その次のPerformフェーズそれぞれの中でStormが発生するという考え方である。

ここで気になるのは、どの程度のStormが適切なのか、だろう。これについては様々な研究結果が存在するが、Stormの量とチームのパフォーマンスに明らかな相関は見られない。

Stormの量が少ないほうが、良い状態で、チームのパフォーマンスも期待できそうだが、チームのパフォーマンスが低下するとStormの割合は減少するといわれている。これはチームが対話や議論を避けている場合、表面上は和やかに見えるがパフォーマンスは下がるためである。かといって、Stormが多ければ多いほどチームのパフォーマンスが高くなるわけではない。重要なのは、Stormの質であり、健全な議論が積極的になされている状態が望ましい。

心理的安全性という考え方がある。Google社が自社の数百にも及ぶチームを分析対象として、どのようなチームがより高いパフォーマンスを発揮できるかを調査した結果、心理的安全性がチームのパフォーマンスと高い相関があるという知見が得られたことから注目されるようになった概念だ。チームがパフォーマンスを発揮するためには、メンバーの能力ももちろん重要であるが、チームの中で各メンバーが遠慮することなく安心して発言できるという心理的な要素が大きな影響を与えているのである。意図的に対立を生じさせるための様々な方法が存在するが、心理的安全性のもと、各人の価値観や事情などを意識的にぶつけ合うことがひとつ挙げられよう。p.28からは、こうした考えに基づいたチームビルディングのためのワークを紹介する。

適切なフィードバック

Tuckmanは1977年に、前述した4つのフェーズにAdjournを加えている。Adjournとはプロジェクトのゴール達成や、中止といった意味である。つまりプロジェクト終了後、チームがどのように振る舞うべきかについて示したものである。このフェーズでは、チームとして「うまくいったこと、継続すべきこと」「うまくいかなかったこと、抱えている問題」「改善するためにできること、今後に活かせること」を共有する。

プロジェクトの終了後に限らず、チーム内でフィードバックをする機会が多々あるかと思う。何らかの成果物や仕事の結果に対してコメントする場合もあるだろうし、プロジェクトの中での働き方や振る舞いについてコメントする場合もあるだろう。デザインリサーチプロジェクトに限ったことではなく、様々な場面に応用できることだが、チームでプロジェクトを円滑に進めるために特に以下の点を意識してもらいたい。

適切なフィードバックとは、過去ではなく、未来に焦点を当てるのである。つまり、過去の行為や仕事を批判するのではなく、今後、どうしてほしいか、どうするとより良くなるのか？についてコメントすべきである。プロジェクトの中で他人の行為や仕事が気になることは多々あるかもしれないが、ぜひポジティブに、未来に向けて、未来を良くするために方向性を与えるようなコメントを心がけてほしい。

01　チームビルディングワーク

想定人数：　3〜4

想定時間：　20min〜

START

これから新しくプロジェクトに取り組むため、チームメンバーが一箇所に集められたものの、お互いのことをよく知らず、それぞれがどのように立ち振る舞えばよいか探り合っている。

GOAL

チームメンバーがお互いのことを理解した上で、チームとしての方向性を定め、チームとしてプロジェクトに取り組むための準備が整っている。

用途と概要

プロジェクトはチームで実施することがほとんどですが、ただ人が集まっただけではチームとしてパフォーマンスを発揮することは難しいでしょう。お互いがどんな人物か、どんな働き方を望むのかを知り、チームとしての働き方を議論することによって、チームとしてプロジェクトに取り組む準備をします。

アドバイス

メンバー間で対話を重ね、アイデアを出し、合意形成することが重要です。ここで遠慮し合って議論がなされないようであると、プロジェクトの重要なフェーズに入ってから初めて議論することになり、上手く噛み合わないなんてことにもなりかねません。ここで可能な限り自己開示できるように努めましょう。ワークは紙とペンを使って進めることを想定していますが、リモートの場合はオンラインホワイトボードなどを使用してもよいでしょう。

手順

1　3、4人程度のグループを作ります

このワークは、初対面やあまり親しくない人同士の場合に効果を発揮します。チームメンバーにそれぞれ紙とペンを配ります。

2　各自、A4の用紙に自己紹介を書きます

A4の紙を十字の線で4分割し、各領域に名前、スキル、趣味、好きな働き方を書いていきます。働き方とは、下記のように配慮してほしいことなどです。

— 子供の送り迎えがあり時短勤務なので、打ち合わせは10時-16時までの間で設定してほしい
— オンライン会議の際にカメラオンを強制しないでほしい
— 真面目な話ばかりだと疲れてしまうのでユーモアや冗談を気軽に言える雰囲気で働きたい
— チームでディスカッションすることも重要だと思うが、個人で集中して取り組む時間もほしい

3　メンバーそれぞれの自己紹介をします

1人ずつ、自分で書いた紙をチームメンバーに見せながら自己紹介をします。

4　チームとしての自己紹介を作ります

全員の自己紹介を踏まえ、チームの名前、チームでできること、チームのルール、チームで楽しめる活動について考えて、同様に紙に書きます。

振り返りと課題

チームとしての自己紹介を作るプロセスを振り返って、チームメンバー全員で対等に議論ができていたかを確認しましょう。特定の人だけで議論が進んでいませんでしたか？ もっと良いチームとなるためにはどうすればよいかを話し合ってみましょう。

02　チームで大切にしていることを擦り合わせよう

想定人数：　2〜4

想定時間：　20min〜

START

チームとして目指すべき方向が定まっていない状況。プロジェクトの進め方や成果に対してチームメンバーそれぞれが考えていることが異なっている。

GOAL

チームとしての価値観を擦り合わせることにより、どんなプロセスやアウトプットを目指すのかが明確になっている。

用途と概要

プロジェクトに期待することは人それぞれです。多少リスクを取ってもイノベーティブな成果をもたらすことを大切にする人もいれば、とにかく失敗する可能性を極限まで排除することを目指す人、メンバー間での議論を避けようとする人もいるかもしれません。メンバーそれぞれが大事にしている価値観を擦り合わせます。

アドバイス

プロジェクトを進める上では「すべてが大事」と思われるかもしれませんが、優先度をつけなければいけないシーンは存在します。特に大切にしたいことを絞り込んでみましょう。このワークではキーワードが書かれたカードを使用しますが、自分たちで作っても、市販のキーワードカードを使っても構いません。また、文字が書かれたカードではなく、ブロックや粘土、あるいは絵などを用いてチームのあるべき姿を表現してもよいでしょう。

手順

1　キーワードが書かれたカードを並べます

テーブルの上にキーワードカードを並べ、参加者はそれらカードを一つひとつ見ていきます。

2　自分が重要に思うことを3つ選び説明します

3つ選んだら、1人ずつ、自分で選んだカードをチームメンバーに見せながら説明します。

3　チームとして重要だと思うカードを選びます

メンバーが選んだカードを参考にしながら、チームとして重要だと思われるカードを3つ選び、発表します。

振り返りと課題

チームで選んだカードは、プロジェクトの目的に沿っていますか？ また、プロジェクトメンバー全員にとって納得感のあるものでしょうか？ 選ばれたカードは綺麗事ではなく、本当に目指せるようなものでしょうか？ プロジェクトの状況と乖離があるようであれば、プロジェクトの方向性や進め方を検討する必要があるかもしれません。

03　解くべき問題を捉えてみよう

想定人数：　2〜4

想定時間：　0.5〜1h

START

これからリサーチプロジェクトに取り組む段階だが、プロジェクトのプロセスや、解くべき問題が曖昧である。

GOAL

解くべき問題が明らかになっている。また、望ましい結果、望ましくない結果、注意するポイントがチームで共有されている。

リサーチに取り組む際には、そのリサーチの目的を定める必要があります。リサーチで解くべき課題には、検証的な課題と、探索的な課題がありますが、いずれの場合であっても「解くべき問題」として捉えることができるでしょう。ここでチームの認識を揃えておくことが、プロジェクトを円滑に進めるための重要なポイントとなります。

検証を目的とするリサーチとは「顧客はこんな課題を持っていると思う」「この課題に対する適切なソリューションはこれ」といった、今ある仮説の妥当性を確認するためのものです。一方で、探索を目的とするリサーチとは「顧客はどんな課題を持っているだろうか？」「この課題に対する適切なソリューションはどのようなものだろうか？」などです。これらの違いを意識して、リサーチで解くべき問題を定めましょう。

手 順

1　「解くべき問題」について考えます

解こうとしている問題を議論しましょう。例えば、以下のように考え進めます。

— 解こうとしている問題はどのようなものでしょうか？
　⇒ 無理なく続けられる健康的な食生活を実現する方法を探す
— その問題を抱えているのはどんな人たちでしょうか？
　⇒ 現在のBMIが高く将来の健康に不安のある人々
— その問題は、どのような状況で発生しますか？
　⇒ 健康的な食生活は費用や手間がかかったり、美味しくないと思われており、興味があっても始めるハードルが高く継続が難しい場合がある

2　結果について考えます

チームメンバーはどのような結果になれば嬉しいでしょうか？ どのような結果になると嬉しくないでしょうか？

3　結果にどう到達するか考えます

嬉しい / 嬉しくない結果に向かうポイントについて議論しましょう。

振り返りと課題

解くべき課題についてチームで認識を合わせることができましたか？ また、望ましい結果に到達するためのポイントや、あるいは望ましくない結果に到達しないよう懸念事項を明らかにすることができたでしょうか？ チームの期待値を統一しておき、あらかじめ想定リスクを潰しておくことで、プロジェクトを円滑に進めることが可能になるでしょう。

04　ステークホルダーは誰だろう？

想定人数：　2〜4

想定時間：　30min〜

START

これからリサーチプロジェクトに取り組む段階だが、プロジェクトに巻き込むべき人は誰か？ サービスの運営や提供にどのような人が関わるか？ ステークホルダーが明らかになっていない。

GOAL

プロダクトやサービスに関するステークホルダーが明らかになっている。

リサーチに取り組む上では、ステークホルダー（利害関係を有する者）を明確にしておくことが重要です。それぞれのステークホルダーに対して、プロダクトやサービスの創出や改善によってどのような価値を提供するのか、認識を合わせておきましょう。

ステークホルダーには、サービス提供側のステークホルダーと、サービス利用側のステークホルダー、プロジェクトのステークホルダーが存在します。ステークホルダーが現在のプロダクトやサービスとどのように関わっているかや、どのような点において価値を感じているかを明らかにしておくことで、プロジェクトが進めやすくなるでしょう。もちろん、現時点では不明な点もあるはずです。もしかしたら新しい機会が眠っているかもしれません。

手順

1　ステークホルダーを書き出します

まず、ステークホルダーを書き出して明らかにします。

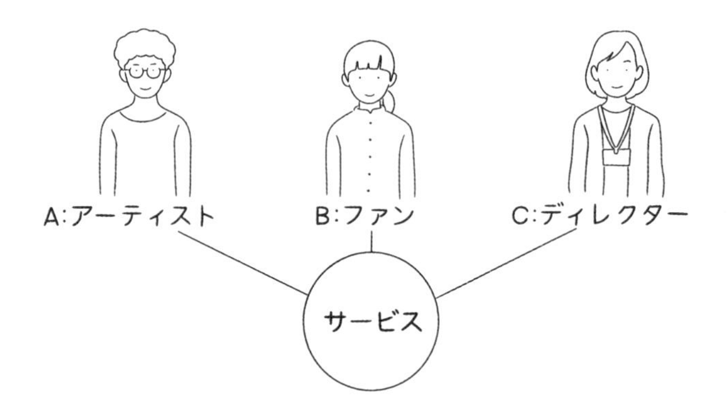

2　ステークホルダーの関わり方を話し合います

それぞれのステークホルダーは、現在このプロダクトやサービスとどのような関わりを持っているでしょうか？ 理想の関わり方はありますか？

3　ステークホルダーに提供する価値を絞ります

各ステークホルダーに対して、現在どのような価値を提供しているでしょうか？ また、今後どのような価値を提供できるとよいでしょうか？

4　得たい効果を話し合います

ステークホルダーを巻き込んで、このプロジェクトでどのような効果を得たいでしょうか？

5　コミュニケーションの方法を絞ります

各ステークホルダーと、どのようにコミュニケーションを取るのが望ましいでしょうか？

振り返りと課題

これから取り組む対象について、どのようなステークホルダーが存在しているか、全体像を把握することができたでしょうか。彼らを巻き込んでプロジェクトを進める自信を深めましょう。

05 チームメンバーの持つバイアスを探そう

想定人数：　2〜4

想定時間：　30min〜

START

プロジェクトが対象とする領域について、チームメンバーそれぞれがバラバラのイメージを持っている。

GOAL

プロジェクトが対象とする領域について、チームメンバーそれぞれの認識が一致している。

用途と概要

チームメンバーは、これから取り組むプロジェクトの領域に対して、それぞれ独自のイメージを持っているでしょう。人々はバイアス（先入観や思い込み）によって物事を判断しており、バイアスは経験や環境に基づいています。元々ある様々なバイアスを可能な限り明らかにしておくことが、プロジェクト成功のための秘訣となります。

アドバイス

このワークでは、プロジェクトが対象とする領域の物事についてそのイメージを探りますが、あえてプロジェクトが対象としないものを言語化してみるのもよいでしょう。なぜそれらが対象にならないのか、どのようなイメージを持っているのか、チームメンバーの認識を確認することで、新たな視点を獲得できるかもしれません。

手順

1　キーワードをピックアップします

プロダクトやサービスに関するキーワードをいくつかピックアップしましょう。土地の名前、業界の名前、対象とする商品のカテゴリ名、またユーザーのグループ、職業、属性などがよいでしょう。

2　キーワードに対するイメージを書き出します

ポストイットを使い、それぞれのキーワードに対してメンバーがどのようなものをイメージしているかを書き出していきます。

3　ポストイットを貼り出します

自分たちだけで認識を確認するのではなく、実際にどのようなイメージが持たれているのか、リサーチしてみてもいいでしょう。出てきたポストイットやリサーチ結果を見ながら、認識が揃った点、認識が違った点について確認してみましょう。

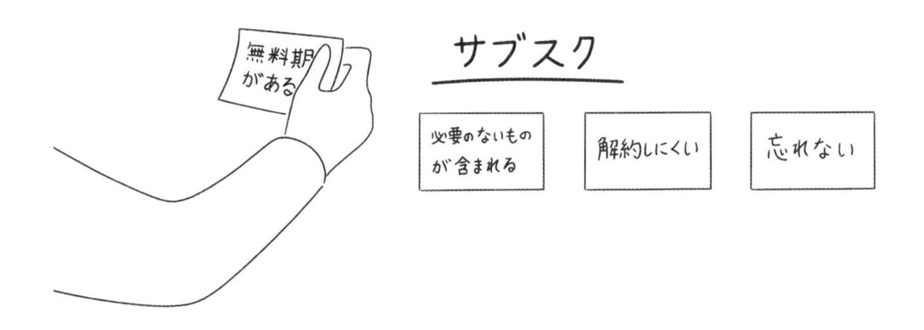

振り返りと課題

プロジェクトの対象となる領域について、チームで認識がズレていたところはどこでしょうか？ あるいは当初想定していなかった妥当なイメージが見つかりましたか？ 適切な視点がひとつのみとは限らないので、必ずしも認識が一致する必要はありません。プロジェクトを進める上で、異なる視点の存在を意識することが重要です。

1-2

リサーチ設計ワーク

いざリサーチを始めようと思っても、最初は何から手を付けたらいいかわからないと思います。まずはリサーチの目的を定め、リサーチで明らかにすべきことを明らかにするための手法と、プロセスを検討しましょう。

ダイジェスト　リサーチの設計

01　リサーチの計画を立てよう

02　インタビューを設計しよう

03　観察を設計しよう

ワークをはじめる前に：ダイジェスト　リサーチの設計

リサーチ設計のステップ

チームビルディングが終わったら、具体的にリサーチの設計に取りかかろう。リサーチを設計する上でまず取り組むべきことは、プロジェクト背景を念頭に、リサーチを通して明らかにしたいことを定め、次に、定めた目的を達成するためにどのようなプロセスでリサーチを実施すればよいかを検討することだ。

リサーチの目的を定める

リサーチの設計ではまず、プロジェクトの目的を定めよう。目的とは、例えば下記のようなものである。

― 新規プロダクトの機会探索を目的としたケース

リサーチの目的の例　**フードテック企業の新規事業** …… 人々の生活の中で飲食店がどのように捉えられており、どのようなシーンでどのような飲食店を選択しているか、また飲食店での食事がその後人々の生活にどのような影響を与えているかについて理解する。そしてそれら一連の行動の中に、どのようなニーズや新しい機会が存在するかを見つけ出す。

リサーチの目的の例　**図書館のサービスデザイン** …… 地域の住民の生活と、現状の知との関わりを理解する。そして彼らが知をどのように捉え、どのようなニーズを持っているかを明らかにする。

― 新規プロダクトの具体化を目的としたケース

リサーチの目的の例　**化粧品会社の新規プロダクト** …… おしゃれや美容に気を使っている男性の生活を理解することによって、彼らが美容関連プロダクトにどのようなニーズを持っているか、またプロダクトやサービスをどのように選択し、購入しているかを理解する。

― 新規プロダクトの評価を目的としたケース

リサーチの目的の例　**旅行系スタートアップの新規プロダクト** …… ターゲット層である人々にアプリケーションを試用してもらい、ユーザビリティ上の問題点を洗い出す。また、アプリケーションを使って、旅行の目的地を探すという目的を達成することができるか、できないとしたらどのような課題があるかを見つけ出す。

― 既存プロダクトの改善機会の探索を目的としたケース

リサーチの目的の例　**ファッションブランドの店舗運営** …… 従業員による接客とその裏側のオペレーションの流れを把握し、顧客のニーズにどのように答えているかを理解する。また、サービスを提供する上で課題となっている箇所を洗い出し、理想のサービスの状態を見いだす。

― 既存プロダクトの改善方法の探索を目的としたケース

リサーチの目的の例　**会計系スタートアップの既存プロダクト** …… 企業の中における経費精算業務の流れを、従業員側、経理側からそれぞれ理解し、彼らがどのような課題を抱えているかを把握し、業務の流れとして理想の状態を描き出す。

― 既存プロダクトの評価を目的としたケース

リサーチの目的の例　**モビリティ系スタートアップの既存プロダクト**……H市における人々の生活と、人々がその中でどのような移動手段を利用しており、移動手段に対してどのようなニーズを持っているかを把握する。また、電動スクーターレンタルサービスがH市に住む人々に対してどのようなタッチポイントを提供し、それぞれのタッチポイントでどのような課題や改善の可能性があるかを明らかにする。

このように、様々なケースが想定できる。なお、ここで注意すべきポイントは、プロジェクトの目的、つまりアウトカムは何なのか？である。我々はプロジェクトに取り組む際に、アウトプットに目が行きがちであるが、前述した通りリサーチにおいて重要なのはアウトカムだ。綺麗な資料はクライアントを満足させるかもしれないが、クライアントのビジネスにとってどの程度のインパクトを与えられるかは別である。つまり、リサーチの結果からジャーニーマップを作るといったアウトプットはリサーチの目的としては不適切で、ジャーニーマップを作った上で達成したいことは何か？について認識を揃える必要がある。

リサーチのプロセスを定める

目的を定めたらリサーチのプロセスについて検討する。リサーチのプロセスとは、リサーチの目的を達成するために、どのような手順でどのようなことをするとよいかについて考えることだ。私はこのリサーチのプロセスを検討するフェーズを、パズルに近いものであると考えている。到達したいゴールに向かい、最短距離で最大限の成果を出すために、限られたスケジュール、チームメンバー、予算といった様々な制約の中で、リサーチのためのメソッドをどのように組み合わせればよいのかについて考える。これは非常にわくわくする瞬間のひとつである。

デザインリサーチは発散と収束を繰り返しながら前に進んでいくことが多い。プロジェクトの中で、自分たちが今、可能性を広げる発散フェーズにいるのか、可能性を絞り込む収束フェーズにいるのかを意識することによってプロジェクトの全体像を見通すことが可能になり、今どのような状態で、どこに向かっているのか、次に何をするかなどを理解しやすくなる。
　デザインリサーチの大まかな流れとしては、下記の通りである。

- 調査
- 分析
- 機会発見
- 検証
- ストーリーテリング

　調査とは、インタビューや観察、デスクリサーチ、ワークショップなど様々な手法を活用して対象となるトピックに関する情報を集めることである。
　分析とは、調査で集めた情報をチームで共有し、それら情報を横断的に眺めながら意味のある知見を見つけ出す作業である。
　そして、機会発見とは、分析のステップで見いだした知見をもとに、どのような機会があるかを検討するフェーズである。なお、機会とはあまり耳慣れない言葉かもしれないので少し補足する。英語ではOpportunityという単語を当てはめることが多いのだが、例えばプロダクトのどこを改善すればよりプロダクトが良くなるか、自分たちが新規事業を作るにあたり、どのような領域に可能性がありそうか、あるいは特定の領域において、どのようなプロダクトに見込みがありそうか、このようなことを機会として扱う。
　検証とは、得られた機会に対して、どの程度妥当性が認められるかを確認する工程である。最後にストーリーテリングとは、リサーチを通して得た結果をどのようにしてステークホルダーに伝え、実際の成果に繋げていくかである。
　なお、繰り返しになってしまうが、デザインのプロセスは必ずしも直線的な一方通行のプロセスではない。プロジェクトに取り組む中で常に新しい発見があり、状況が逐一変化する。リサーチ計画を立てた時点で前提としていた状況が覆されることも珍しくない。その時は勇気を持って計画を変更することも必要だ。成果を出すために重要なことは、計画通りに進めることではなく、いかに適切な機会を見つけるかである。計画通りにプロジェクトが終わっても、そこで得られた機会が適切でなければ何の意味もない。

調査の種類

続いて、代表的な調査手法について紹介する。デザインリサーチにおいてよく利用される調査手法としては、インタビュー、観察、ワークショップ、定量調査などがある。いずれの場合であっても、調査には様々な人々の協力が不可欠である。人々の生活を尊重した上で、人々がどのように暮らし、働き、遊んでいるか、また社会とあるいは他者と、どのような繋がりを持っているかを理解できるように努めてほしい。

一人に対して深く話を聞くインタビュー（デプスインタビュー）についてはp.57で取り出して解説しているためそちらを参照してほしい。ここでは、それ以外の調査手法に触れていく。

観察

観察（オブザベーションと呼ばれることもある）とは、リサーチ対象となる現場、対象となる行動がなされている現場、プロダクトが使用されている現場に張り込むことである。現場でユーザーがリサーチ対象のサービスや製品を使用している様子を観察することによって、ユーザーがどのように使用しているか、そしてユーザーの口からは語られない課題やニーズを探索するのである。

観察を実施する場合に考えるべき点は大きく分けて3つある。

― Where & When：どこでいつ観察するのか

まず考えなければならないのは、どこで観察を実施するのかという点であろう。店舗での接客を改善するためのリサーチであれば店舗で実施するとしても、路面店と、百貨店の中に入っている店舗では接客が異なる可能性がある。店舗の構造によっても、会計フローや接客プロセスに影響が出るはずだ。また、同じブランドであっても、出店している場所によって客層が大きく異なる場合がある。

次に、いつ観察するかも重要なポイントである。飲食店の場合、ランチタイムやディナータイムのピークタイムは混雑していることが多いが、開店直後や閉店間際、あるいは通し営業をしている店舗の場合、客がほとんど入らない時間帯もあるだろう。また、平日と休日でも客の入り具合や従業員の稼働状況に違いがあるかもしれない。観察に十分な時間を割ける状況であればよいが、現実的には限られた時間内で観察を実施して知見を得る必要がある。

調査の目的がどのようであったかを念頭に置き、いつどこで観察を実施するべきかを考えよう。

― How：どのように観察するか

どこからどのように観察するかも重要なポイントになる。環境の中に入り込んで観察する方法もあれば、外から観察する方法もあるだろう。

外から観察する場合、例えば店頭に監視カメラがついており、監視カメラ越しに実施するケースもある。環境の中に入り込むことができればリアルな情報を得ることができ、人々の行動をより理解できるかもしれないが、私たちがその場に存在することによって人々の行動に少なからず影響を与えてしまうことを意識しなくてはならない。

― What：何を見るのか

観察を実施する場合、頭を空っぽにして広く情報を吸収することも重要だが、まずは人々の行動に注目するのがよいだろう。その環境の中でどこに何があるか、レイアウトがどうなっているかは観察する上で重要であり把握すべき情報といえるが、容易に言語化できる情報でもある。私たちが注目しなければならないのは人々の行動であり、これは容易に言語化できるものではなく、その場で観察することによってこそ様々な気付きを得られるものだ。

ワークショップ

ワークショップ（Workshop）は様々な意味で使用される言葉であり、定義としては非常に曖昧なものとなっている。本書のワークもすべてワークショップとして実施することが可能である。複数人が集まって、何らかのワークを行うことをワークショップと定義すると、捉え方によってはワークショップをリサーチ手法のひとつとして利用することもできる。

デザインリサーチにおけるワークショップには、大きく分けると下記の4つがあるだろう。

1. プロジェクトの方向性を定めるためのワークショップ
2. 機会を発見し、優先順位をつけるためのワークショップ
3. アイデア創出や評価のためのワークショップ
4. プロトタイプやソリューションの評価のためのワークショップ

デザインリサーチでは様々なフェーズで積極的に人々を巻き込む。これについて従来のものづくりをしてきた人は違和感を覚えることもあるかもしれない。これは人々をどのような存在として捉えるかの意識の問題でもある。我々が人々の生活の中にある、何らかの課題を解決したいと考えた時、その課題の専門家は人々なのである。

人々をリサーチに巻き込むには様々な方法があるが、インタビューとワークショップが異なるのは、質問に答えるだけといった受動的な立場ではなく能動的に参加してもらう必要がある点だ。そのための動機づけや仕組みづくりをワークショップ開催側で工夫する必要がある。

また、ワークショップの参加者は必ずしもユーザーだけではない。ステークホルダーや内部のスタッフから参加者を集め、ユーザーに対する認識を擦り合わせることで、プロジェクトのスコープや、ユーザーに対する理解を深め、各部門において認識にどのようなギャップがあるかを把握できる。

デスクリサーチ

デスクリサーチとは、インターネットでの検索、書籍や論文などの資料を活用して情報を集め整理することである。リサーチにおける情報には、大きく分けて一次情報と二次情報がある。

デスクリサーチにおける一次情報とは、企業や行政などが発表している情報、二次情報はそれらに対して専門家などが解釈を加えたものである。新聞や雑誌などの各種メディアの解説記事、ニュース記事もそれにあたるだろう。デスクリサーチにおいて多くは二次情報を当たることになるわけであるが、その情報は誰が発表した情報であるかを意識する必要がある。また、リサーチをしていく上で、リサーチ担当者の気付きや解釈を入れたくなる場合もあるだろう。この際に、これらを区別してチームで共有すべく気を付けてほしい。

エキスパートインタビュー

専門家に話を聞くことも重要なリサーチ手法である。ここでいう専門家とは、文字通り特定の分野に精通したエキスパートという意味だ。本や資料にはない、彼らの経験や知識や意見を得ることができるため大変有意義である。

エキスパートインタビューは通常謝礼を支払って実施するが、とはいえ彼らの貴重な時間を割いてもらっていることを十分に意識するべきであろう。また、インタビューを打診する段階で、あらかじめインタビューの目的（どの程度専門的な聞きたいのか）と、こちらの現状とニーズについて、ある程度具体的に伝えておくべきである。

インターセプトインタビュー

インターセプトとは、街に出て通行人に対してインタビューを実施する手法のことである。ゲリラリサーチ、ゲリラインタビューなどと言われることもある。明確な決まりがあるわけではないが、おおよそ一人5分程度で聞きたい項目に絞ってインタビューを実施する。短時間で多くの人の話を聞くことができるので、リサーチトピックについて様々な角度から知見を得ることができる。

本格的なデプスインタビューなどに取り組む前にインターセプトインタビューを実施することで、リサーチの大まかな方向性を決める目安として使用することもできるし、デプスインタビューで得た知見の妥当性を確かめるためにゲリラリサーチを行うこともある。

比較的少ないリソースで、かつ簡単に行えるため、方向性の修正も簡単である。しかしながら街ゆく人にこちらの都合でいきなり話しかけるわけであるから、皆が皆快く応じてくれないのが当然であろう。勇気を出して話しかけた時に断られても落ち込まない強靭なメンタルが必要な手法といえる。

フォーカスグループインタビュー

フォーカスグループインタビューとは、特定のテーマについて一度に複数人に対して実施するインタビューである。リサーチ協力者同士の対話によって、インタビュアーと一対一の対話では得られないような知見を得られる場合がある。

しかし、フォーカスグループインタビューはデプスインタビューとは異なるインタビュー設計が必要であり、少なくともデプスインタビューを効率よくまとめて実施するための方法と捉えてはいけない。リサーチ協力者が複数名いることによる安心感や話しやすさはあるだろうが、フォーカスグループインタビューとして2時間で4人程度に話を聞くとすると、単純に計算すれば1人あたり30分程度しか話を聞くことができない。しかも1人が話をしているあいだ、その他の3人は手持ち無沙汰になってしまうだろう。また、参加者同士が他の参加者に遠慮してしまう場合や、回答内容に見栄が含まれてしまう場合などがあり、必ずしも本音の意見を得られるとは限らない。

フォーカスグループインタビューを実施する場合は、参加者同士の本音の対話をいかにして引き出せるかが成功の鍵となる。

オンラインサーベイ

オンラインサーベイとは、オンラインによる定量的な情報を収集するためのものである。GoogleフォームやSurveyMonkeyといったアンケートツールを利用したり、電子メールやソーシャル・ネットワーキング・サービスで回答者を集めることでも安価に実施できる。一方で、オンラインサーベイを専門とする企業も存在し、委託すれば数百から数千もの回答を簡単に集めることが可能である。また、昨今ではセルフ型と呼ばれるオンラインサーベイツールも普及してきている。すべてを自分たちで実施する必要はあるが、スピーディーかつ安価に回答を収集することが可能になっている。

オンラインサーベイは、デプスインタビューを実施するためのスクリーニングツールとして利用することも可能であるし、デプスインタビューで得た知見がどの程度一般的であるかを検証するためのツールとして利用することもできる。

オンラインサーベイを実施する際には、質問項目の設計がポイントとなり、バイアスがかからないように細心の注意を払う必要がある。

01　リサーチの計画を立てよう

想定人数：　2〜4

想定時間：　0.5〜1h

START

リサーチを通して明らかにすべきことが明らかになっており、具体的なプロセスや方法について検討しなければならない。

GOAL

リサーチを通して明らかにすべきことを明らかにするための手法やプロセスが明確になっている。

用途と概要

デザインリサーチのプロセスを事前に計画することは、リサーチの効果や効率、品質を高める上で非常に有効です。ゴールを見据えて重要なデータにフォーカスすることで、時間やリソースの最適化が可能になります。また、プロセスを明確化することでチームダイナミクスが発揮されステークホルダーの関与が円滑になり、プロセスそのものの改善も可能になるでしょう。

アドバイス

リサーチの計画では、まず目的を設定します。その上で適切なデータ収集の方法を検討していきます。この際、計画は重要であるものの必ずしも変更不可能なものではなく、状況に応じて柔軟かつ迅速に進めることがプロジェクトの鍵となるでしょう。そのためには、ある程度の余白を残しておくことも重要です。また、プロジェクトの不確実性が高そうな場合には、小さく始めるということも重要です。

手順

1	**リサーチの目的を設定します**	まず、何のためにリサーチプロジェクトに取り組むのかを明らかにしましょう。
2	**具体的に捉えたいことを絞ります**	定めた目的を達成するためには、どんなことがわかればよいのかを検討しましょう。
3	**調査手法を絞ります**	定量調査（数字で得られる情報）、定性調査（数字ではない情報）、どちらで検証すべきでしょうか。
4	**インタビューを設計します**	必要なリサーチがインタビューの場合、誰にどんなことを聞けばいいか考えましょう。
5	**観察を設計します**	必要なリサーチが観察の場合、どこで何を見ればいいか考えましょう。
6	**分析を計画します**	必要な調査で集めた情報をどのように分析し、統合するか考えましょう。
7	**アプトプットを定めます**	リサーチの結果得られたものを、どのようなアウトプットに落とし込む必要があるかを検討します。

振り返りと課題

リサーチの結果達成したいことは何ですか？ 定めたアウトプットは実際にどのような効果をもたらすでしょうか？ プロジェクトにおけるプロセスは明確になりましたか？ 具体的にチームの誰が何を担当するかについてもこの時に明確にしておくとよいかもしれません。

02 インタビューを設計しよう

想定人数：	2〜4
想定時間：	1〜2h

START

インタビューに取り組もうと考えているが、誰にどんなことを聞けばよいか明確になっていない。

GOAL

インタビューに取り組む準備ができている。

用途と概要

インタビューは、プロジェクトが対象とする領域に対する知見を深めるため、あるいはプロダクトやサービスを評価するために非常に有効なリサーチ手法ですが、インタビューの実施だけでなく準備や分析にも多くの時間が必要となります。とりあえず対象者に話を聞きに行くのではなく、事前にインタビューの計画を立ててから取り組みましょう。

アドバイス

インタビューを設計したら、経験豊富な方に内容をレビューしてもらうのもよいでしょう。またインタビューを実施する前に（インタビューに慣れていない方は特に）リハーサルを行うようにしてください。インタビューに慣れていないうちは「コレも聞きたいアレも聞きたい」と盛り込みがちですが、絶対に聞きたいこと、聞けたら嬉しいこと、のように優先度をつけるのもおすすめです。

手順

1　インタビューの目的を定めます

インタビューを実施する目的を整理しましょう。自分たちが何を明らかにしたいと考えており、どのようなことを知ることができればインタビューが成功したといえるでしょうか。インタビューには時間や費用がかかりますが、それらはインタビューでしか知ることができない類のことですか？ インタビューの必要性についてもここで確認しておきます。

2　インタビューの方法を検討します

インタビューにはデプスインタビュー、インターセプトインタビュー、フォーカスグループなどいくつかの形式があります。どのような形式のインタビューが目的達成に寄与するか検討します（p.46、p.57参照）。

デプスインタビュー　一人の人に対して深く話を聞く

インターセプトインタビュー　通りがかった人に対して話を聞く

フォーカスグループインタビュー　複数の人に対して話を聞く

3　インタビュー対象者を検討します

インタビューの目的を達成するために、どんな人に話を聞けばよいでしょうか？ インタビューの対象は、年齢や性別、トピックについての知識や経験といった、複数のグループを設定する場合があります。

4　ディスカッションガイドを作成します

インタビューの中で、具体的にどのような順番で、何と聞くのがよいでしょうか？ ディスカッションガイドを作成しましょう。また、インタビューの中でツール（各種マップやプロトタイプなど。p.84参照）を使う必要がある場合は、ツールの準備をしましょう。

5　リハーサルをしましょう

インタビューを設計したあとは、その設計通りにインタビューが実施できるか、リハーサルを行い確認しましょう。

振り返りと課題

リハーサルをしてみて、インタビューは設計通りに進んだでしょうか。会話がスムーズに進行できたか、ツールを使う場合はツールが適切に使用できたかについても、必ず確認しましょう。もし会話が詰まってしまった箇所があったり、ツールが想定どおりに動かないケースがあれば、インタビューの構成やディスカッションガイドを見直しましょう。

03　観察を設計しよう

想定人数：　2〜4

想定時間：　30min〜

START

観察に取り組もうと考えているが、どこで何を見ればいいか明確になっていない。

GOAL

観察に取り組む準備ができている。

観察は人々を理解する上で有効な方法ですが、ただ現場に行って様子を見ればよいというものではありません。どのような目的のために、どのような手法で現場を観察し、それをどのように活用するかを定めてから観察に臨むことが必要です。

いつどこで何を観察するかを検討する必要があります。現場はいつも同じとは限りません。同じ場所であっても、曜日や時刻によって、また季節によって様子に変化がある場合もあります。また、同じような施設でも所在地や規模に違いがある場合、どこを観察場所に選ぶべきかも重要なポイントになります。観察手法には、現場の中から観察する方法と、現場の外から観察する方法があります。さらに、現場に影響を与える方法と、与えない方法があります。違いを理解して臨みましょう。

手順

1　観察の目的を定めましょう

観察を通して明らかにしたいことを整理し、何を見るべきかを書き出しましょう。

2　観察の場所と日時を検討します

目的を達成するために、いつどこで観察するのが望ましいか、場所と日時を絞りましょう。

3　観察の方法を検討します

環境の中に入り込んで観察しますか？ それとも外から観察しますか？ 環境の中に入り込む場合、どのようなやり方が望ましいでしょうか。また、その方法は自然でしょうか？

実際には、邪魔にならないよう現場監督者に承認を取ったり、事前に現場にアナウンスする必要が生じる可能性もあります。そういったことも踏まえ、選んだ方法がどの程度現場に影響を与えるか、判断します。

4　観察で得た情報のまとめ方を検討します

観察を通して得られた情報、気付いた可能性をどのように整理し、まとめるとよいでしょうか。それらは言語化できる情報でしょうか？

振り返りと課題

いつ、どこで、どうやって、何を観察するかが明確になっていますか？ 観察で得られた知見を、観察に参加していないメンバーにも伝えることができるでしょうか？ またそれによって、リサーチの目的を達成できそうでしょうか。もし目的を達成できそうにないのであれば、観察の方法が適切でない可能性があります。

1-3

インタビュー練習ワーク

ここでは、インタビューの練習に臨みます。誰でもはじめはインタビューが得意ではありません。インタビューする側だけでなく、される側も経験してみることで、より効果的なインタビューが実施できるようになるでしょう。

ダイジェスト　インタビュー

01　5 Whysで深堀りしてみよう

02　日課について聞いてみよう

03　かばんの中身をシェアしよう

04　オープンエンド/クローズドエンドクエスチョンを試してみよう

05　アクティブリスニングをやってみよう

06　ロールプレイしてみよう

ワークをはじめる前に：ダイジェスト インタビュー

インタビュー（デプスインタビュー）計画

様々な手法がある調査の中で、もっとも基本となる調査手法がインタビューである。インタビューは、一人の人に対して深く話を聞くデプスインタビューと、複数の人に対して話を聞くフォーカスグループインタビュー（単にフォーカスグループやグループインタビューとも呼ばれる）があるが、一般的にデザインリサーチを実施する際には、デプスインタビューを中心にリサーチを組み立てる場合が多い。

インタビューの種類には、構造化インタビュー、半構造化インタビュー、非構造化インタビューがある。

構造化インタビューでは、事前に定められた質問表を用いて、定められた通りにインタビュー協力者に質問を投げかけ、質問への回答を記録する。この手法を用いる場合、複数名のインタビュアーが同じ内容のインタビューで多くの人に対して調査を実施することができる。一方で、インタビューの中に興味深い回答内容があったとしても深く掘り下げることができず、インタビュアーならではの主観が入り込む余地があまりないために、サーベイと比較して質や量に大きな違いが出るわけではない。そのため、定性的な調査手法というよりは、あくまでも定量調査の一種として分類されることが多い。

半構造化インタビューは、あらかじめ大まかな質問トピックを用意しておくものの、インタビュー協力者の回答に応じて内容を深く掘り下げるインタビューである。デザインリサーチにおいて、デプスインタビューといった場合、半構造化インタビューを指すことが多い。大まかなトピックを定めておくとはいえ、インタビュー協力者との対話を重ねる中で、特定のトピックについて深く掘り下げたり、あるいは予定していなかったトピックを追加することで、より本質的でプロジェクトに対して意味のある情報を得ることができる手法である。一方で、インタビュアーの能力によって、引き出せる情報の質、量が大きく変わるインタビュー手法でもある。

非構造化インタビューは、大きなテーマだけは決めておくが、構成などに縛られず、会話の流れや文脈に応じて自由に対話を実施する方法である。非常に柔軟な対話を実施することによって、事前に予測していなかったような興味深いトピックに関する知見を得られることも多いが、インタビュアーのスキルや、インタビュー協力者およびテーマの選定次第では、あまり新しい知見を得られないという場合もあるだろう。

本稿では以降、主にデプスインタビューを実施する前の計画について解説していく。インタビュー計画を作成する際には、以降の項目について検討する必要がある。

Why：なぜインタビューを実施するのか？

デザインリサーチにおいてインタビューは最も基本的な手法であるが、その実施に必要なコスト（時間、費用など）は決して小さなものではない。そのため、前述した他の調査手法と比較して、インタビューが最適であるといえる理由はどのようなものだろうか、その目的はデスクリサーチやオンラインサーベイなど他の種類の調査手法で、より低コストにスピーディーに達せられるものではないだろうか？について、検討・説明する必要があるだろう。

Who：誰に対してどの規模のインタビューを実施するのか？

インタビューの実施目的を定めたら、その目的を達成するためには誰に話を聞くべきかを検討する。インタビュー対象者を定める際は、特定の属性を持つ人々の中から適切な人数を選びインタビューへの協力を依頼する。

この際「こんな人に話を聞きたい」を客観的に定義できるとよい。理想的なインタビュー対象者を書き出しておくことで、チーム内でのブレも少なくなるだろう。なお、デプスインタビューのような調査手法においては適切な人数を決定することは困難である。これは、プロジェクトの範囲や目的、リサーチに利用可能なリソース、インタビュー対象者がどのような人か、インタビュー実施者がどのような人か、あるいはリサーチ結果を受け取る人がどのような人かといった、様々な要因によって成果が左右されるからである。

また、特定のトピックに対してインタビューを実施していくと、1人目や2人目にインタビューする時は、ほぼすべての情報に新規性があるが、回数をこなしていくごとに、新しい情報の割合は少なくなっていくのが一般的である。新しい情報をあまり得られなくなったと感じたらインタビューを終了してもよいだろうし、新しい情報がどんどん出てくるように感じるのであれば、さらに人数を増やしてインタビューすべきであろう。インタビューを終える際は、誰が「もう十分な情報が集まった。これで終わりにしよう」と宣言するかを、あらかじめ決めておくことを私はおすすめしている。これを決めておかないと、際限なくリサーチを続けてしまう恐れがあるからだ。

とはいえ、実際のプロジェクトを想定してみると、プロジェクトが始まる前に何人にインタビューするかの計画を立てる必要はあるだろう。

では、どのようにしてインタビューの規模を決定すればよいのだろうか。いくつかの視点を以下に示していく。

調査のスコープ

調査のスコープは、調査の性質、目的など様々な要素によって決定される。ここでいうスコープとは、調査の対象となる範囲と深さのことである。

既存プロダクトの改善点を探すリサーチでは、既存プロダクトに対するヒューリスティック評価（専門家が自らの経験に基づき、改善点を指摘する評価手法）や、ユーザーとして想定する人々にプロダクトを使用してもらうユーザーテストや、それら人々がプロダクトに関連して取る行動について理解を深めるための、深く狭い調査が中心になるだろう。

一方で、新しいプロダクトの創出機会を発見するためのリサーチ、特にリサーチ範囲を決定するための制約がまだほとんど存在しない場合は、様々な可能性の中から可能性を見いだすためのリサーチとなる。既存プロダクトの改善のための調査に比べ、新規プロダクト創出のための調査は、調査対象を浅く広く捉えることが多い。

さらに人々の生活の中で、どのようにプロダクトが活用されるかの時間軸も影響する。新しい住宅を創出するための調査を想定してみるとどうだろうか。住宅は数十年以上にわたって人々の生活と大きく関わり、人生における様々なイベントを共にするものでもある。それら様々なシーンにおいて、どのようなニーズがあり、どのような住宅が理想であるかを探求しようと考えると、調査が対象とする時間軸は自ずと長いものとなる。

また、社会的な側面を理解するのにもやはり多くの調査が必要になる。例えば、医療に関するプロジェクトや都市に関するプロジェクトは、多くの人が関わり複雑性が高い。顧客がどのようにしてロイヤルカスタマーになるかを理解するようなプロジェクトも時間軸が長くなる傾向にあるだろう。

リサーチトピックへの知識の深さ

インタビュー実施者があらかじめ持っている、リサーチトピックに関する知識の深さもインタビューに必要な人数に影響を与える。トピックに対する知識が十分にあれば、より少ない人数で必要な情報を得られるであろう。インタビュー中に出てきたトピックについて、どこをどの程度深く掘るべきか適切に判断できるからだ。

リサーチに使える時間、予算

無限の時間と予算をリサーチに使いたい。リサーチャーであれば誰もが一度は願うことであるが、実際のプロジェクトではそのようなことはあり得ない。そのため、予算や時間、全体のスケジュール、インタビュー協力者のリクルーティングなど、様々な制約のもとにどの程度の人数に対してインタビュー実施可能かを検討することになる。

リサーチャーの数

リサーチャーの人数が増えればインタビューの内容を異なる視点から多角的に捉えることができる。そのため、少ないインタビューで必要な情報を収集できる可能性が高まるだろう。複数名でインタビューを実施する場合は、インタビュー後にデブリーフィングセッションを実施することが多い。デブリーフィングセッションとは、インタビューの中で印象に残ったこと、重要そうなポイントについて振り返ることである。

この際、参加するリサーチャーの多様性が、得られる情報を増やすためのひとつのポイントとなる。ビジネスバックグラウンドの2人が参加するよりは、ビジネスバックグラウンドのリサーチャーが1人と、エンジニアリング出身のリサーチャーが1人参加したほうが、それぞれの視点からインタビュー内容を捉えることができるため、結果として得られる情報は増える。

リサーチ結果を誰がどのように利用するのか

リサーチ結果を誰がどのように利用するのかも、インタビューに必要な人数を検討する上での重要なファクターである。

また、クライアントからの希望もあるだろう。クライアントが質的な調査に親しくなく、定量的な調査に慣れ親しんでいる場合、情報の飽和に関係なく、より多くのインタビュー実施を希望する場合もある。

インタビュー対象者の多様性

インタビュー対象者がどの程度のグループに分類されるかによっても、必要なインタビューの数は変わってくる。グループにばらつきが少なければ少ないほど、インタビューの数を増やしても得られる情報が重複する可能性が高く、情報がより早い段階で飽和する。逆に、ばらつきが多ければ多いほど、インタビューを通して得られる情報は多様性に富むため、情報がなかなか飽和せず、より多くの人数へのインタビューが必要になるだろう。

なお、インタビュー対象者の多様性を考慮する場合は、対象者をグループに分けてそれぞれのグループごとにリクルーティングを実施する。

インタビュー対象者のグルーピングとスクリーニング

インタビュー対象者をいくつかのセグメントに分けて、それぞれのグループから話を聞くことがある。例えば、キッチン用品に関するインタビューを実施する場合、料理のスキルと頻度に応じて対象者をマッピングし、それぞれのグループから数人を選択してインタビューを実施することで、異なるグループ間の異なる情報が抽出できる。また、グループ間の比較によるインサイトを得ることもできるだろう。

この時、時系列に応じて分類をする場合もある。例えばプロダクト購入直後の人、プロダクトを利用し出して2、3年経った人、プロダクトを利用して5年以上経過する人、といった具合である。

他の分類方法としては、エクストリームユーザー（Extreme User）に対するインタビューを実施する場合がある。キッチン用品に関する調査におけるエクストリームユーザーとは、例えば生まれてから一度も台所に立ったことがない人や、あるいは料理をする時にはオーガニック食品しか使用せず、ソースなどもすべて素材から手作りするような人が該当する。

ノンユーザーから話を聞く

ユーザー以外からあえて話を聞くことも有意義である。ノンユーザーに話を聞く際には、2つの目的があることに注意する。

ひとつは、ノンユーザーが特定のトピックにおいて、どのように感じ、考え、関心を持っているかを理解することにより、新しい機能に関するインスピレーションを得るためである。インタビューの中から、これまで思いもしなかったような方法を知ることができるかもしれないし、それを組み込むことでプロダクトの価値を向上させられる可能性もあるだろう。

もうひとつが、どのようにしたらノンユーザーがプロダクトを使ってくれるだろうか？という観点からのインタビューである。こちらの場合は、インタビュー対象者がプロダクトに対して抱いているイメージについて理解したり、他のプロダクトを使い始めた時のことを聞く、などが考えられる。

類推ユーザー（Analogous User）から話を聞く

似たような属性を持つ人々に対してインタビューを実施することも、有意義な知見を得られる可能性がある。例えばサービスを改善することを目的としたリサーチの場合、対象とする業務に類似した仕事にはどのようなものがあるだろうか、あるいは他業種において似たような業務はないだろうか。

一方で、リサーチの対象業務をいくつかの特性に分解して、それぞれの特性に対して共通する人々に話を聞く方法もある。それぞれの要素についてその分野のエキスパートがどのように仕事をしているかについて理解するのである。一見何の関係もないように思われる職種の人々からも、有意義な知見が得られる可能性がある。

Where：どこでインタビューを実施するのか？

インタビューの実施場所も重要な検討事項である。インタビュー対象者に自社のオフィスに来てもらい会議室などでインタビューを実施する場合もあるし、インタビュー対象者の自宅を訪問して話を聞く場合もある。一方で、カフェやホテルのラウンジなどで待ち合わせてインタビューを実施する場合もある。時間貸しの会議室や、スペースマーケットなどでインタビューに適した場所を借りるのもひとつの良い方法であろう。近年では、オンラインでのインタビューも選択肢に入るかと思われる。

When：いつインタビューを実施するのか？

どこで、と同じく、いつ実施するかも重要な検討項目である。プロジェクトの進行に関する様々な都合から、特定の日時、特定の時間帯にインタビューを実施しなければならないというケースもあるが、リサーチ協力者にも都合があるため、実施側と協力者の事情を擦り合わせる必要がある。こういったケースでは、まずインタビュー協力者を探す際に日時を提示して、その条件に合う人の中から協力をお願いすることになる。

一方で、ある程度自由にスケジュール調整が可能な場合は、インタビュー協力者の都合を確認しつつ、日程を決めていく。

What：インタビューで何を聞くのか？

インタビューを計画する上で、一番重要なのが、何を聞くのか？である。様々な手法があるが、私はKey Question（主要な質問）を3つほど作成して、そこから掘り下げていく方法をおすすめする。Key Questionを用いて、1つの大きなテーマについて異なる角度から質問していく方法もあれば、広く浅い質問から、深く狭い質問へと、徐々に深堀りしていくような方法もある。

なお、質問事項を検討する上で注意すべきことは、リサーチの目的を念頭に置き、そのインタビューで何を明らかにしたいかを明確にしておくことである。インタビュー対象者が過去にどのような体験を経てプロダクトを購入したかなど、その人ならではのストーリーを引き出すのか、あるいは特定の業界や特定のトピックに関する現状や一般論を知りたいのか。もちろんどちらの意見も有意義であることに変わりはないが、このふたつではインタビューの構成も聞くべき相手も大きく変わってくる。

How：どのようにしてインタビューを実施するのか？

インタビューの実施方法には様々な手法がある。通常、一般的にイメージされるのは、机を挟んで行う対話形式のインタビューだろう。インタビュアーがインタビュー協力者に質問を投げかけては、インタビュー協力者からの発言を引き出す形式である。

インタビュー協力者1人に対してリサーチ実施側はインタビュアーと記録係の2人で臨むケースが一般的である。インタビュー協力者とのやり取りは基本的にインタビュアーが行い、記録係はノートを取りながら、場合によっては写真撮影や録音機材の操作などを行うこともある。インタビュー協力者との対話に集中できる環境を作り出すのが、記録係の役割である。

記録係は「主要なトピック」「2人の対話を通して気が付いた点」「強く印象に残った発言」「後ほど聞いてみたい点」などにフォーカスを当ててメモを取る。

なお、メモを取る時に、時間を併せて書いておくことを強くおすすめする。あとで録音を聞き返す際に、なぜそのようなメモを取ったのか振り返りたくなる場合があると思うが、時間が書いてあることで該当箇所に容易にアクセスできるはずだ。

インタビューは計画と準備が9割であり、ここまでくれば、あとは実施するのみである。しかし、実践には様々な注意点やテクニックが存在するので、いくつかを紹介する。

インタビュー協力者は専門家

インタビューは試験ではないため、回答に正解や不正解がない。私たちはあなたから学びたいんだという気持ちを伝えよう。私たちリサーチャーは、インタビューの形でリサーチに協力してもらう方々を専門家として扱い、敬意を払い、学ばせていただくという気持ちを忘れてはならない。専門家という言葉からは、弁護士や医者、エンジニアなど、特別なスキルや知識を持った人をイメージするかもしれないが、すべての人々は、彼ら自身がどのような生活をしており、どのように働き、あるいは遊んでいるかについて、誰よりも知っている。自身の体験に基づく専門家として、インタビュー協力者を迎え入れよう。

ニュートラルな態度を貫く

インタビュー協力者の発言に対して反論したり、あなたの意見を述べたり、思うところがあっても態度に出したりはせず、インタビュー協力者の発言を真摯に捉えることが必要である。トピックによってはリサーチャーの認識と異なるかもしれないし、あるいは間違った知識に基づいて回答していると感じるかもしれない。ときには偏見や差別的なニュアンスを含む発言が出る場合もあるだろう。しかし、その答えは紛れもなくリサーチ協力者の発言であり、リサーチとして尊重すべきものである。仮に違和感を覚えたとしても、できる限り態度には出さず、可能であればインタビュー協力者がなぜそのように捉えているかを深堀りしてみてもよい。いずれにせよ人々から学ぶために私たちはインタビューを実施しているのであり、リサーチ協力者と議論するために場を設けているわけではない。インタビューの時間は、インタビュー対象者から学ぶことに集中し、その場で判断したり解釈を加えることは避けよう。

時間とともに深いトピックへ

リサーチ協力者の方とは、おそらく初対面であることがほとんどだろう。いくらインタビューのような非日常な場であったとしても、いきなり核心となる話題に踏み込んだところで適切な回答を引き出せるかは怪しい。まずは表面的な話題から入り、ある程度打ち解けて場が温まってきたなと感じてから、より深いトピック、あるいは感情的な話題へと入るのが望ましい。また具体的なエピソードについて尋ねる前に、一般論として答えやすい質問を投げかけるのも回答を引き出しやすくするテクニックである。

なぜなぜ分析（5Whys）

インタビューの回答の中で気になった事柄があれば、好奇心を持って、なぜこのようなことを言うんだろう？　なぜこのような行動をしているんだろう？と、どんどん深堀りしていこう。もともと「なぜなぜ分析」とは、トヨタ自動車において問題が発生した際に、表面的な解決に留まるのではなく本質的な原因に辿り着き、根本的な解決を試みるために「なぜ」を5回繰り返すことを推奨していたとされる手法だ。無論ここで重要なのは回数ではなく、本質的な情報に辿り着いたかどうかである。

見せていただけませんか？（Show Me）

できればインタビューを会話だけで終わらせるのではなく、可能な限りモノ、写真、環境など証拠を見せてもらおう。イメージと実物は異なる場合があるし、同じ言葉であっても言葉に対する認識は人によって異なる可能性がある。人々に対する理解を深め、感情や価値観、行動などの把握を助けるためには、言葉だけで理解したつもりになるのではなく、実際のモノや環境を自分の目で見て、そこから得た情報を大切にすべきである。

思考発話法（プロトコル分析）

リサーチ中は、作業や体験について、感じたこと、考えていることを口に出してもらおう。特にプロダクトのユーザビリティ評価において頻繁に利用される手法だが、これによって動機や懸念、行動の理由や感じたことなどを理解しやすくなる。プロダクトを見た時、利用している時に、リサーチ協力者が何を考えているのかを外部（観察）から推し量ることが難しいため、発話してもらうことによって、理解を深めるのである。

当たり前のことを聞く

インタビューの中で、あえて当たり前のことを聞いてみるのもひとつのテクニックである。これによって彼らのメンタルモデルや、リサーチャーとの認識の違いが明らかになる場合も多い。

オープンクエスチョンとクローズドクエスチョン

質問の仕方にはYes / Noで答えられるクローズドクエスチョンと、自由な回答を求めるオープンクエスチョンが存在する。例えば、リモートワークに関するリサーチだったとして、「あなたはリモートワークが好きですか？」ではなく「あなたはリモートワークをどう感じていますか？」と質問することで、できる限りリサーチ協力者の言葉で説明してもらえるようになる。

具体的なストーリーを引き出す

抽象的な話ではなく、具体的なストーリーを引き出すよう心がけよう。例えば「普段友人とフットサルをする時、どうしていますか？」と質問すると抽象的な回答になりがちであるが、「最後に友人とフットサルをした時のことを教えてください」と聞けば、具体的なストーリーを引き出すことができる。

沈黙の時間を恐れない

インタビューに慣れていないリサーチャーは特に、インタビュー協力者が黙ってしまうと気まずくなってしまい畳み掛けるように質問するケースが見受けられる。このような場合もまずは落ち着いて、インタビュー協力者が喋り出すのを少し待ってみよう。

感謝を忘れない

最後に当たり前のことであるが、インタビュー終了後、インタビューに協力してくださった方に謝意を述べるのを忘れないようにしよう。

こうした対話によるインタビューに加えて、リサーチツールを活用する場合もあるが、それらはp.84以降で紹介していく。また、インタビューで得た情報のまとめ方はp.114以降を参照してほしい。まずは、リサーチの基本といえるインタビューに慣れるところから始めよう。なお、本書を購入された方に向けて、インタビューのサンプル文書を用意した(p.7)。インタビューを実施する際の参考に、またインタビュー後のプロセスを試してみるワークショップ時に、サンプルとして利用していただけたら嬉しい。

01　5Whysで深掘りしてみよう

想定人数：　2

想定時間：　30min〜

START

インタビューに苦手意識がある。どのように深掘りをしていいかわからない。1時間程度のインタビューのつもりが、抽象的な話に終始し短い時間で終了してしまうことがある。

GOAL

インタビューにおける深掘りの仕方を身に付けることによって、自信を持ってインタビューに臨めるようになる。

用途と概要

インタビュー中、質問を投げかけるとインタビュイーから様々な回答を引き出すことができます。一方で、最初の質問の回答は、表面的であったり抽象的であることも多いです。そこで、問いかけを工夫してインタビュイーの回答をさらに深掘りしていくことによって、問題の本質的な原因や背景、ユーザーの行動や動機、実際の考えを把握するように努めます。

アドバイス

質問を深掘りする際に使われる「Why」は、日本語にすると「なぜ？」ですが、文字通り「なぜ？」と繰り返すとインタビュイーは問い詰められているように感じる場合もあるでしょう。重要なのは発言の真意や、根本的な動機を探し出すことです。詰問と捉えられないニュートラルな聞き方になるよう工夫してみましょう。

手 順

1　2人1組になります

これはインタビューの練習です。1人はインタビュアー（聞き手）、もう1人はインタビュイー（話し手）を担当します。後に役割を交換します。

2　テーマを決め、最初の質問をします

下記にいくつかの例を示します。相手に心理的なプレッシャーを与えない質問の仕方を考えてみましょう。

テ　ー　マ　問題の本質的な原因を探る
最初の質問の例
最近何か失敗したことはありますか？ あるいは新しく取り組もうと思っていることや、改善しようと思っていることはありますか？

テ　ー　マ　意思決定の背後にある要因を理解する
最初の質問の例
最近何か大きな意思決定をしましたか？ 仕事に関連するものでも、プライベートに関するものでも構いません。

テ　ー　マ　学習スタイルや情報処理方法を理解する
最初の質問の例
最近、新しいことを学ぶ機会がありましたか？ その時、どのような方法で学びましたか？

テ　ー　マ　プロセスや仕事の進め方を理解する
最初の質問の例
得意料理について教えてください。また、その料理はどうやって作るのですか？

テ　ー　マ　優先順位の設定とその背景を理解する
最初の質問の例
一日の時間をどのように管理していますか？ 最も時間を割いている活動は何ですか、そしてなぜそれが重要なのですか？

テ　ー　マ　人々と社会的なつながりを理解する
最初の質問の例
最近、特に印象に残った人間関係の出来事はありますか？ その出来事があなたにとってどのような意味を持っていたのですか？

テ　ー　マ　健康とウェルネスに対するアプローチを理解する
最初の質問の例
自分の健康やウェルネスに対してどのような取り組みをしていますか？ その取り組みを始めたきっかけは何ですか？

3　回答に対して追加の質問をします

インタビュイーから回答が得られたら、回答の重要な部分を見つけ掘り下げる質問をしてみましょう。10分程度、質問と解答を続けてみてください。

4　聞き手と話し手を交代します

充分に聞きたいことを引き出し理解できたと感じたら、インタビュアーとインタビュイーの役割を交換してみましょう。

振り返りと課題

インタビューを振り返ってディスカッションをしてみましょう。質問されて答えづらかった部分はどのようなことでしょうか？ あるいは、聞いてほしかったのに聞かれなかったことはありますか？ もっと深堀りすべきだと思った点はどこでしょうか。今後のインタビューに向けて、心がけるポイントをいくつか挙げてみましょう。

02　日課について聞いてみよう

想定人数：　2

想定時間：　15min〜

START

インタビューの経験が浅く、他者がどの程度自分と異なる考えや習慣を持っているか想像ができない。どの程度のことを質問として投げかければよいかわからない。

GOAL

自分と他者が異なる考えや行動を持っていることを理解し、インタビューを通してその差異について把握できるようになっている。

用途と概要

私たちは一人ひとり異なる生活を送っているにもかかわらず、他者も自分と同じような考え方や行動をしていると見なす傾向があります。このことは「偽の合意効果（False consensus effect）」と説明されることもありますが、インタビューを通して人々を理解する上では、まずこの傾向を認識し、この傾向と適切に付き合う必要があります。我々が日常的に実施していることをあえてインタビューすることによって、この効果について考えてみましょう。

アドバイス

本ワークでは、テーマとして「歯磨き」を設定していますが、これに限る必要はありません。朝のルーティンや寝る前のこと、あるいは通勤の仕方など、実際に気になる日課をテーマに設定してもよいでしょう。考え方やそのやり方に大差がないと思っていることについて、様々な回答が得られるまで深堀りしてください。

手順

1　**2人1組になります**

これは他者との差異を認識するために行うワークです。話し手と聞き手に分かれます。

2　**話し手が説明します**

話し手は自分自身が日常的にどのように歯磨きを行っているかをできる限り詳細に説明します。

僕は普段、朝と夜に歯を磨きます。朝は起きたらまず洗面所に行って顔を洗って、一緒に歯を磨きます。夜は寝る前に磨きます。普段は電動歯ブラシを使っています。

3　**聞き手が深掘りします**

聞き手は、話の中で気になった点について深掘りしてみましょう。

歯ブラシ以外に使っている道具はありますか？

歯間ブラシで歯間を磨くようにしているのですが結構忘れがちで、頻度は高くないです。

歯磨きはどれぐらい時間をかけていますか？

歯ブラシにタイマーがついているので、2分間を目安に磨いています。

4　**話し手と聞き手を交代します**

5分経ったら話し手と聞き手を交代し、手順**2**、**3**を繰り返します。

振り返りと課題

2人の歯磨きの習慣で、同じ点はあったでしょうか。また異なる点はどこでしょうか。自分が想像していた歯磨きと違った説明はありましたか？ どうすれば自分の思い込みを排除できるかを話し合ってみましょう。

03　かばんの中身をシェアしよう

想定人数：　2

想定時間：　15min〜

START

会話のみによるインタビューの経験はあるが、モノを使ったインタビューの経験がない。

GOAL

モノを使ったインタビューの効果を実感している。

用途と概要

会話だけで行うインタビューに比べ、モノを用いたインタビューは、趣味や興味、日常生活、仕事のスタイルなど、より多くの情報を提供してくれます。また、インタビュイーにとっても、眼の前にあるモノについて話をすることは、よりディテールに踏み込んだ情報を提供しやすい利点があります。

アドバイス

このワークでは、自分のモノを持ち寄ることをおすすめしますが、かばんに限る必要はありません。例えば、よりモノの多い相手の家や職場など、重要な場所に一緒に行って話を聞いてみたり、相手が日常的にしていることや好きなこと（仕事、趣味、家事など）を実際に行ってもらいながらインタビューをしてみてもよいでしょう。

手順

1　2人1組になります

これはモノを使ったインタビューの練習です。かばんを持ち寄って、話し手と聞き手に分かれます。

2　話し手がかばんの中身をシェアします

話し手はかばんの中身を一つずつ取り出し、そのアイテムに関するストーリーや持っている理由を共有します。

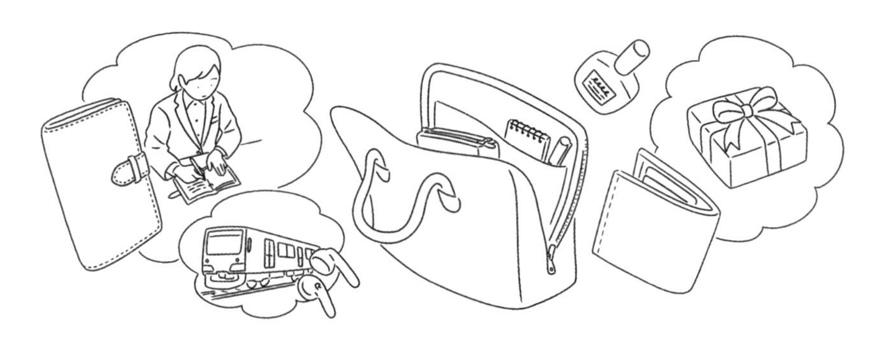

3　聞き手が深掘りします

聞き手は、なぜそのアイテムを選んだのか、どのように使用しているのかなどについて尋ねます。

4　話し手と聞き手を交代します

一通り尋ねたら、役割を交代します。

振り返りと課題

モノを使わずにインタビューする場合と、モノを見せてもらいながらインタビューする場合とでは、どちらがより相手のことを理解することができるでしょうか。また、その違いはどのようなところから出てくるのでしょうか。モノがあるからこそできるインタビューについて、話し合ってみましょう。

04　オープンエンド/クローズドエンドクエスチョンを試してみよう

想定人数：　2

想定時間：　15min〜

START

インタビューにおいてどのような質問を投げかけるべきか、どのような質問をするとどのような解答が得られるかをあまり理解できていない。

GOAL

オープンエンドクエスチョンとクローズドエンドクエスチョンの基本的な違い、それぞれの質問によって得られる異なるタイプの回答と会話の流れが理解できている。

用途と概要

オープンエンドクエスチョンとは、回答形式に制約がなく、意見や感情、経験などについて回答者による自由な回答が期待できます。一方クローズドエンドクエスチョンとは、「はい」「いいえ」または、いくつかの選択肢から回答することが期待される質問です。違いを知り、使い分けられるようになりましょう。

アドバイス

インタビューにおいてはオープンエンドクエスチョンで議論を膨らませ、クローズドクエスチョンで特定の情報を明確にしていくことが重要です。会話の流れや目的、相手の反応に応じて、適切な質問形式を選択する必要があります。

手 順

1　**2人1組になります**

話し手と聞き手に分かれます。これは可能であれば、初対面の人と組んでみましょう。

2　**聞き手が話し手に質問します**

聞き手はクローズドエンドクエスチョンのみで5分間、話し手自身について質問します。

このようなワークショップに参加することは今回が初めてですか？

はい。デザインリサーチに興味があり参加しました。

お仕事でリサーチをする機会がありますか？

現在はほとんどありませんが、今後増やしていきたいと思っています。

3　**話し手と聞き手を交代します**

聞き手と話し手を交代し、オープンエンドクエスチョンのみで相手に対して質問します。

このワークショップに参加した動機を教えてください。

新商品づくりに関わっており、今後人々を巻き込みながら新しいサービスを作れたらなと思っています。そのためにデザインリサーチを学ぶ必要があると感じ今日参加しました。

なぜデザインリサーチを学ぶ必要があると感じたのですか？

振り返りと課題

オープンエンドクエスチョンとクローズドエンドクエスチョンをどのように使い分けるとよいか、話し合ってみましょう。

05 アクティブリスニングを やってみよう

想定人数：　2

想定時間：　20min〜

START

インタビューにおいて、インタビュイーが回答しやすい状況について理解できていない。

GOAL

インタビュイーが話しやすい環境を作るために必要なことを理解し、インタビューの中で実施できるようになる。

用途と概要

インタビューにおいては、質問を適切に投げかけることも重要ですが、話を適切に聞くことも同じく重要です。インタビュイーの話を聞きながら、頷きや目の動き（視線の移動や、目を大きく開いたり、瞬きをしたりなど）、ボディランゲージなどのノンバーバルなフィードバックを示すことにより、インタビュアーとインタビュイーの間で信頼関係や相互理解が生まれます。これにより多くの情報を集めることが可能になります。

アドバイス

このワークは、ペアを変えて様々な人と実施してみましょう。コミュニケーションのスタイルは人によって大きく異なります。ペアを変えることによって、様々なタイプの意思表現に適応する方法を学ぶことができます。またペアで実施するのではなく、3人組になり、1人が観察者としてインタビューに参加してみるのもよいでしょう。観察して気付いたことをシェアしましょう。

手 順

1	**2人1組になります**	これはリスニングの練習です。聞き手と話し手に分かれます。
2	**聞き手は話し手にインタビューします**	どのような話を振っても構いません。例えば、最近の旅行、趣味、家事などについて聞いてみましょう。
3	**最初の2分間はノーリアクションで聞きます**	2分間計り、聞き手は話し手の話に対して、なるべく無表情で、頷きなどのリアクションをしないようにします。
4	**次の3分間は適度なリアクションで聞きます**	2分経ったら、理解を示す頷きや適切な頷きを行います。 a. 共感を示す言葉や表情をしてみましょう。 b. ボディランゲージをするのもよいでしょう。 c. フィードバックや感謝の言葉を伝えてみましょう。
5	**次の3分間はオーバーリアクションで聞きます**	3分経ったら、今度は自分ではオーバーだなと思うぐらいにリアクションをとってみましょう。
6	**話し手と聞き手を交代します**	3分後、聞き手と話し手を交代して、手順**2**、**3**、**4**、**5**を繰り返します。

振り返りと課題

リアクションをしない場合、適度にリアクションをする場合、オーバーにリアクションする場合で、インタビュイーはどのように感じたでしょうか。またインタビュアーの立場として、得られた情報の質に違いはあったでしょうか。それぞれ話し合ってみましょう。

06 ロールプレイしてみよう

想定人数: 2
想定時間: 30min〜

START

インタビューの経験が浅く、安全な状況でインタビューの経験を積みたい。

GOAL

ロールプレイを通したインタビューで、インタビューの各種スキルを習得できている。

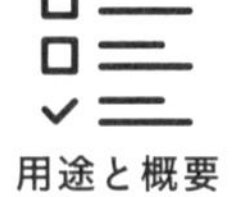
用途と概要

インタビューの技術を習得するためには、実際のユーザーに対するインタビューを数多く経験することが早道です。しかし、希望するタイミングでインタビューの経験を積むことは、機会、費用、コストなどの面から難しいケースもあります。そこで、同僚やチームメンバーとペアになってロールプレイ的にインタビューの経験を積んでみましょう。

アドバイス

インタビューは、誰に、どんな状況（場所、タイミングなど）で、どんな方法で、どんなことを聞くかによって内容が大きく変わります。ロールプレイする人物やシチュエーションを変えながら、練習を重ねましょう。特に、ユーザーペルソナになりきってのインタビューは、ペルソナについての理解を深める効果が期待できるほか、理解内容の相違についても浮き彫りにすることができるでしょう。

手順

1　2人1組になります

これはインタビューの練習です。話し手と聞き手に分かれます。

2　話し手は特定の人物になりきります

なりきるのは、ユーザーペルソナのほか、演じやすい著名人や、実在する人物でも構いません。

a. 特定の人物
b. アニメや漫画のキャラクター、人間以外も可
c. 自分がイメージする特定の職業（例：ラーメン屋の頑固おやじ、豪邸に住むお嬢様）

3　インタビューのシチュエーションを設定します

インタビューを実施する具体的な設定を考えます。例えば、魔王討伐後の勇者に対し今後あるべき勇者支援方法についてのインタビュー、ラーメン屋の店主に対してラーメンの味のこだわりについてのインタビューなど、その人物ならではの話を引き出せるシチュエーションを考えましょう。

4　聞き手は話し手にインタビューします

聞き手の質問に、話し手はその人物になりきって答えます。回答内容だけでなく、話し方や口調、態度なども意識してみましょう。

5　話し手と聞き手を交代します

役割を交代し、なりきる人物も変えながら何度か繰り返します。

振り返りと課題

インタビューを実施してみて難しいと感じる部分はどこでしたか？ 質問する立場、回答する立場それぞれから振り返ってフィードバックし合い、自身のコミュニケーションスタイルに改善できる部分があれば改善してみましょう。また、実際の人物にインタビューする時と、なりきった人にインタビューする時の違いは何かを考え、実際の人物にインタビューする際の注意点を挙げてみましょう。

Follower

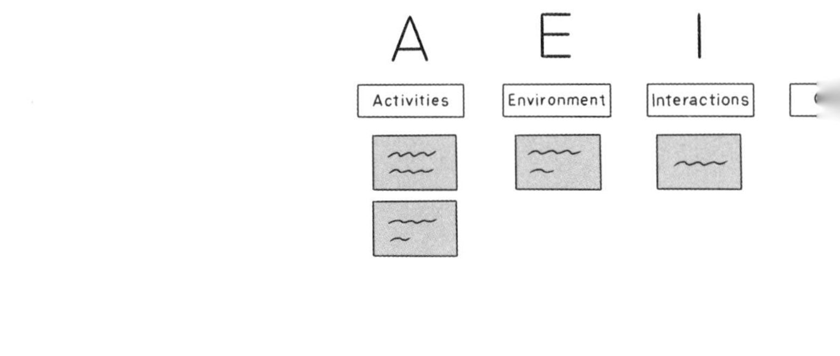
A
E
I
Activities
Environment
Interactions

DIARY
カレンダー
〈今日〉
日 月 火 水 木 金 土
1 2 3 4 5 6 7
8 9 10 11 12 13 14
15 16 17 18 19 20 21
コメント

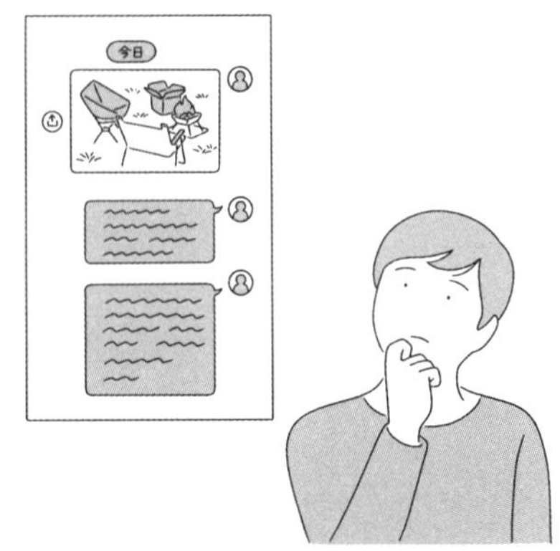
今日

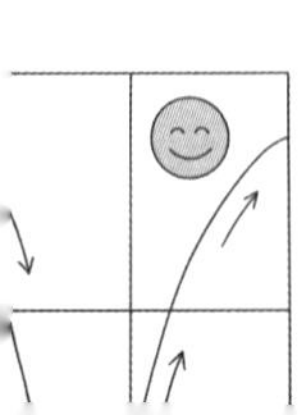

Opposer

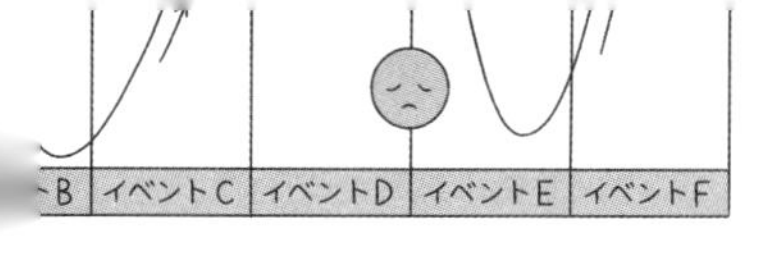

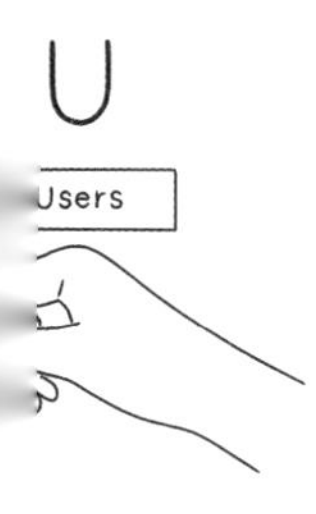

2

メソッドの実践

デザインリサーチで行われる活動を、代表的なメソッドを取り入れながら実践していきます。進行しているプロジェクトの中で活かすのも、練習として取り組むのもよいでしょう。

2-1　リサーチ実践ワーク

2-2　リサーチ分析ワーク

2-3　アイデア創出ワーク

2-4　アイデア検証ワーク

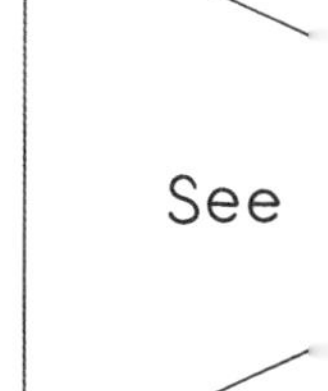

2-1

リサーチ実践ワーク

ミニワークを経て、オーソドックスなインタビューや観察は実施できる準備が整いました。ここからはさらに補助的なリサーチツールも取り入れながら、実践的なワークに挑戦していきましょう。

ダイジェスト　リサーチの実践

01　エンパシーマップを作ってみよう

02　感情曲線を作ってみよう

03　ジャーニーマップを作ってみよう

04　リレーショナルマップを作ってみよう

05　日記調査をやってみよう

06　リサーチツールをデザインしてみよう

07　観察手法による違いを発見しよう

08　シャドーイングをやってみよう

ワークをはじめる前に：
ダイジェスト　リサーチの実践

リサーチツール

リサーチツールを活用することで、リサーチ協力者の考えを言葉だけではなくビジュアルとして表現することができたり、リサーチ協力者との協力関係を築くことの助けになったりと、様々な効果がある。代表的なリサーチツールはいくつかあるが、実際にはリサーチの内容に応じて適切なリサーチツールを選択・考案・作成して使用することが望ましい。

リサーチツールを使用することで下記のようなメリットがある。

リサーチ協力者の興味を引きつける（仲間感の醸成）

インタビューで重要なことは、リサーチに協力してもらう方からよそいきではない本音の意見を引き出すことである。リサーチを成功させるためには、リサーチャーとリサーチ協力者のあいだに良い関係、良い雰囲気を作り出すことによって、リサーチ協力者の緊張を和らげることが重要である。リサーチツールを使うことで、リサーチ協力者の関心を、リサーチャーからリサーチツールに移動させることができ、リサーチャーとリサーチ協力者の関係に変化をもたらす。

就職活動などで受けた面接を思い出してもらえるとよいが、多くの場合、インタビューをする人とインタビューをされる人の関係は対等ではない。インタビュアーにとっては数多く実施するインタビューのひとつにすぎないかもしれないが、インタビュー協力者にとっては非常に珍しい機会であり、数十年生きてきて初めてリサーチに協力してくれている人もいるかもしれない。その場合、多くの人は大いに緊張しているし自分が言いたいことがなかなか言葉として出てこない場合もある。あるいは、自分を良く見せようと思って、社会通念上「良い」とされる回答を作り出してしまう場合もあるだろう。このようなシチュエーションは仕方のないことであるが、リサーチとして望ましい状態ではないことは述べるまでもない。リサーチツールはこうした場の突破口となり得る。

下記の図2-1-1は、リサーチツールの有無による興味関心の変化を図示したものである。

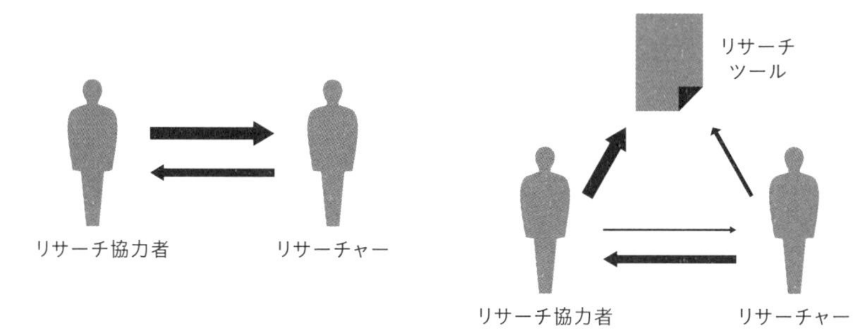

図2-1-1

ツールを利用しない通常のインタビューでは、リサーチ協力者の関心は主にリサーチャーに向けられる。一方で、リサーチツールを活用した場合は、リサーチ協力者の関心を主にリサーチツールに向けることができる。またリサーチツールを活用することによって、課題に取り組む対等なチーム感を醸し出すこともできる。敵、味方という分類は少々乱暴であるかもしれないが、共通の課題を目の前にして一緒に取り組むことで、リサーチする側される側という関係性から、一緒にリサーチする仲間という関係性に変化させることができ、より本音に近い意見を引き出すことが可能になる。

言葉にされない潜在的なニーズを引き出す

意味のあるリサーチとは、人々のより本質的な情報を得ることである。次頁の図2-1-2は、インタビュー手法によって、どのような種類の情報が得られるかを図示したものである。インタビューで得られる情報は、極論すれば「リサーチ協力者が何を言ったか」だけである。

インタビュアーの質問に対しては、当然何かを回答してもらえることと思う。ときには、彼らの生活や仕事、趣味などについての情報であったり、あ

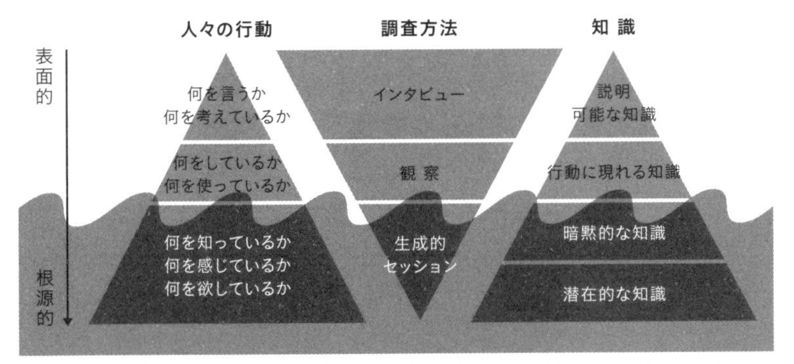

図2-1-2　Elizabeth Sanders and Pieter Jan Stappers『Convivial Toolbox：Generative Research for the Front End of Design』(BIS Publishers)を元に翻訳・作成

るいは回答に対して「こう考えた」「こう感じた」「こう思う」などの情報が得られるであろう。このような情報はリサーチを実施する上で大変重要であるのだが、それが本当だという保証はない。つまり、あくまでも表面的な言葉である可能性を考慮に入れるべきなのである。

では、表面的ではない、より本質的な情報を手に入れるためにはどのようにすればよいだろうか。まずひとつは観察が挙げられる。観察によって得られる情報というのは、人々がどのような生活や仕事をしているか、あるいはどのようにプロダクトを使っているかに関する嘘偽りのない本物の情報である。ただし、些細なことで人々の行動に変化をもたらす場合があるため、リサーチャーが現場を訪れる時は現場に影響を与えないように注意しなければならない。例えば、店舗におけるサービスに関するリサーチで観察を実施するとして、スーツを着た男性が店内の目立つ場所でメモを片手にじっとしていたら、明らかに不自然である。

観察という手法は非常にパワフルで有用であるが、これはあくまでも人々がどのように行動していたかという情報のみしか得ることができない。小売店では、防犯カメラの映像を活用して顧客の導線を把握し、店舗設計や品揃え改善を試みる取り組みが実施されている。店舗内において顧客がどのように移動したか。つまり、入店したあと、どのように店内を巡回し、棚の前で立ち止まり、商品を手に取り、買い物かごに入れ、会計をするか。あるいは、店内をうろうろしたが商品を手に取らずに退店したりといった人々の行動を解析するのである。これによって、人々が何を買ったかと、それを買うまでにどのように行動したかを把握できる。例えばコンビニでハサミを買った人がいたとする。この人が店内でハサミを見つけるまでに、どのように移動して、どのようなルートでハサミを見つけたかを知ることができる。すぐにハサミを見つけることができたのか、それとも店内を長時間巡回した上でハサミを見つけたのか。これは従来のPOSデータ（レジに記録される売上データ）ではわからなかったことである。このような情報を入手できれば店内の商品配置や陳列方法を工夫したりという改善に繋げることができるであろう。

しかしながら、この観察手法では、ユーザーが実際に感じたこと、考えたこと、希望していたことまではわからない。例えば、ユーザーが買ったのはハサミであるが、本当はカッターナイフを探していたのかもしれない。カッターナイフを探すために店内を長時間ウロウロしていたが、結果として見つからなかったのでハサミを買った可能性もある。この場合、ユーザーの期待していたこと（コンビニにカッターナイフが売っていてほしい）と、実際の状況にギャップがある（その店舗にカッターナイフが売っていなかった、あるいは見つけづらかった）ことが課題であり、ハサミの陳列位置には何の問題もない可能性がある。観察では、ユーザーがどのように行動したかという情報を得ることができるが、その裏側にどのような考えがあったのかまでは知ることができないことに注意する必要がある。

では、さらに深い、本質的な情報を得るにはどのようにしたらよいだろうか。そのための手法としてリサーチツールを活用することができる。リサーチツールを介したリサーチ協力者とのインタラクティブな対話を通して、生きた情報を引き出すことによって、より本質的な、意味のある気付きを得ることができるであろう。

調査セッションのドキュメント化に役立つ（ストーリーテリング）

リサーチは実施して終わりではない。リサーチで得られた様々な情報を意味のある形にまとめ、必要な人に情報として届けなければならない。それは例えば、同僚であったり、上司であったり、あるいは取引先、場合によってはプロダクトの既存 / 潜在顧客や社会に対してもリサーチ結果を共有する場合があるかもしれない。リサーチ結果を共有するには様々な方法が考えられるが、リサーチツールを介して得られたモノは、文章の何倍もの情報を見る人に与えることができる。

インタビューの書き起こしや、抜粋をリサーチ結果として共有するよりも、ユーザーがプロダクトを使用している状況の写真や動画、あるいはリサーチツールを介して一緒に生成したモノを提示することで、あとで結果を知る人もより深く人々を理解することができる。

インタビュー対象者やその領域に対する理解を助ける

リサーチツールを利用する最も大きな目的といってもよいだろう。私たちは普段誰かとコミュニケーションをする時、日常的に言葉を利用しているが、言葉というものは非常にフレキシブルで様々なことを自由自在に表現することができる一方で、形に残らないために私たちのあいだを一瞬で駆け抜ける。そこで、リサーチ協力者の生活や仕事を何らかの形で私たちの目の前に描き出すのである。

例えば、リレーショナルマップという手法がある。これはリサーチ協力者からの距離をマッピングしてもらう手法である。様々な使い方が可能で、人間関係について示してもらうこともあるし、仕事や普段の生活で使うモノについてマッピングを試みることもできる。人間関係の場合、自分と親しい人物を円の中心に記述する。生活に関するリサーチであれば、多くの場合、家族や恋人、親友などは円の中心に近くなるであろう。近所に住んでいる人や職場の同僚や上司などは円の中心から少し離れたところになるかもしれないし、人によっては行きつけの飲食店や、家の近所のコンビニの店員さんが案外中心から近いところにマッピングされるかもしれない。

業務改善系のプロジェクトの場合は、リサーチ協力者である従業員の方々に、業務で接する機会のある人の名前や、仕事で使用する道具の名前を記述してもらう。同僚や上司、取引先の人、あるいは人事や法務など仕事で繋がりのある社内の異なる部署の名前が挙がる場合もあるだろう。仕事で使用する道具としてMicrosoftのWordやExcelなどの名前が挙がるかもしれないし、専用のハンディターミナルや業務用システムの名前が挙がるかもしれない。

リサーチ協力者に、これらの情報をマッピングしてもらいつつ、その説明をお願いするわけだが、ただ言葉で説明される場合に比べると理解のしやすさが格段に上がることは述べるまでもないだろう。

また、これはリサーチを実施する側が理解しやすくなるだけではなく、リサーチ協力者も目の前に一旦書き出すことによって頭の中が整理されるという効果がある。例えば、「仕事の上で同僚とは席が隣同士だし距離的に頻繁にコミュニケーションしていると思ったけれど、よくよく自分の仕事を考えてみると、同じ部署の人と話をするのは朝会の時ぐらいで営業チームのAさんやBさんとやり取りする機会のほうが頻度も量も多かった」など、一度目の前に情報を描き出してみることで、自分の思い込みが是正されることは案外多い。

リサーチの準備

こうしたリサーチを実施する前に、リハーサルを必ず行うようにしてほしい。インタビューの質問項目が適切であるかどうかを確認することももちろんだが、録音や録画機材の使い方について確認しておくことも重要である。プロトタイプを利用したユーザーテストの場合は、プロトタイプが想定通り動作するかも必ず確認すべきである。リサーチツールについても、それが想定通りの役割を果たすかは要確認ポイントだ。特に、初めて使用するリサーチツール（自作含む）の場合は、リサーチツールの概要や使い方を把握するだけではなく、どのように説明すればリサーチ協力者がリサーチツールの使い方を理解して、スムーズにワークに取り組めるかを十分に検討しなければならない。リサーチ協力者に敬意を払い、彼らの時間を一秒でも無駄にしないよう心がけよう。

リハーサル以外にも、実施のためには準備を念入りに行う必要がある。インタビューを伴うものであれば、計画に沿ってインタビュー協力者のスケジュールを調整し、会場を確保する。進行はスクリプト（台本）を作って抜け漏れがないか確認しよう。複数人でインタビューを実施する場合は、誰がインタビュー協力者を出迎えるのか、誰がインタビュアーを務めるのか、誰がメモを取るのか、誰が撮影や録音などの機材を操作するのかなどの役割分担についても決めておこう。また、インタビューセッションの進め方についても秒刻みである必要はないが大まかに決めておくとスムーズだ。

当日になって録音機材の電源を入れてみたらバッテリーがほとんど残って

いなかった、カメラのSDカードがいっぱいだったというトラブルを避けるためにも、必要な機材の準備は余裕を持って進めるべきである。可能であれば前日には機材一式をまとめておくことを心がけたい。またインタビューが連続する場合は録音や録画によってバッテリーやメディアの記録容量をどの程度使用するか把握しておく。必要であればスペアのバッテリーや記録メディアを用意しておこう。

録音機材については、iPhoneやAndroidのスマートフォンアプリで済ますこともできるが、専用のレコーダーがあるとより良いだろう。スマートフォンの録音アプリについては、画面が消灯している状態だと録音の状態やエラーの有無の確認が難しいという点が心もとない。アプリが何らかの理由でシャットダウンしてしまう場合もあるだろうし、ストレージへの書き込みエラーもゼロとはいえない。こういったことが発生するのは仕方がないとしても、すぐに気付けないことが問題だ。また、急遽電話がかかってくる場合などもある。マナーモードだったとしても、インタビュー中に机の上でバイブレーションが作動するのは適切とはいえない。レコーダーを使用する場合は外部から見て録音状態がひと目でわかるものがよい。

カメラについては、目的によって使い分ける必要があるだろう。静止画だけで十分な場合もあるし、動画で記録したい場合もある。録画する場合も、協力者が話をしている、あるいは何らかの作業をしている様子を記録したい場合もあれば、場の雰囲気を残したい場合もあると思う。前者は一眼レフカメラやビデオカメラなどが適切であろうし、後者はGoProなどに代表されるような広角レンズを備え持つカメラを使う必要があるかもしれない。

その他、Webサイトやスマートフォンアプリのユーザーテストなどを実施する場合は、対象者がどのように使用しているかを記録するためのカメラが必要になる。PCの場合は、スクリーンをキャプチャするためのソフトウェアを使用して操作内容を記録するかもしれない。そうであればあらかじめインストールして動作確認をしておく必要がある。スマートフォンの場合は、書画カメラなどを利用して手元を撮影するとよいだろう。また、これらの操作内容を他のPCに転送して確認したい場合がある。この場合、例えばZoomなどのオンラインビデオ会議システムを利用して、画面共有した状態で操作してもらい、録画機能を利用する方法もある。これらはインタビューの状況に応じて柔軟に設定すべきであろう。

その他特殊な例では、視線計測装置や脳波測定機材を使用したり、筋肉などにかかる負荷を計測するための機材、あるいは赤外線などを利用したモーションキャプチャの仕組みを使ったりする場合もある。また、ハードウェア製品のリサーチではリサーチ用にデバイスを自作したり、センサ類を使用してデータを収集することもある。

さらに、インタビューの様子を隣の部屋から、あるいは遠隔地から見学したいというニーズもあるだろう。インタビューを実施する場に大勢の見学者が詰めかけてしまうとインタビュー対象者を萎縮させてしまう恐れがあるため、ビデオカメラなどで部屋の様子を遠隔地から把握できるようにしておき、見学者は別室から様子を窺う形になる場合がある。この場合、映像が別室まできちんと伝送できるかどうかを含めて事前によく確認しておく必要があるだろう。

同意書、許諾など

実際のプロジェクトでは、インタビュー対象者に対して秘密保持義務を負わせたり、撮影や録音の許可を取る必要が生じることもある。

秘密保持義務では、インタビューの内容や、あるいはインタビューが実施されたという事実について他言しない（XやFacebookなどのソーシャル・ネットワーキング・サービスへの書き込みを含む）旨を誓約してもらうことになる。

またこれはリサーチの目的によるが、インタビュー内容についてWebサイトで「ユーザーの声」などとして紹介したい場合もあるだろうし、外部公開はしなかったとしてもプロジェクト内で様々な使い方をすることが想定される。そのため先に述べた秘密保持義務への同意とともに、インタビューを実施する前に同意書のような形で利用範囲の承諾を取ることが望ましい。

また、インタビュー中に出たアイデアの権利帰属についても明らかにしておいたほうがよいだろう。

インタビュー対象者の属性によって必要な条項が変わってくるため、じっくり検討して作成すべきである。インタビュー調査協力に関する同意書は、『デザインリサーチの教科書』で一例を紹介しているので参考にしてほしい。

なお、公共の場や特定の施設でリサーチを実施する場合には、管理者に許可を取ることが必須である。業務改善プロジェクトでは、店舗やオフィスなどで観察を行ったりスタッフに話しかけるケースがあるが、この場合も事前に施設管理者に承諾を得て周知に協力してもらえるとスムーズである。

謝礼について

協力者への謝礼の準備も忘れてはならない。金額については様々な考え方があり一概に述べるのは難しいが、一時間あたり5,000円から10,000円程度が相場ではないかと思われる。謝礼を渡した場合は、領収書に名前などの記入を依頼する必要があるが、経費精算に必要な手続きは企業によって異なるので、経理などに事前に確認してほしい。リクルーティング会社を利用してリサーチ協力者のリクルーティングを実施した場合には、リクルーティング会社経由で支払いがなされる場合と、直接支払いを実施する場合があるのでこれも事前に確認しておく必要がある。

また、謝礼として金銭に加えて、あるいは金銭に代えて現金以外のモノを渡す場合もある。例えば自社の商品や、ノベルティなどが考えられるだろう。

ここでの謝礼には、様々な考え方があると思われるが、私個人としては、追加のリサーチなどが必要になった場合に協力を依頼でき、かつ、また協力してもよいなと思ってもらえる状態を維持することを理想とし、目指している。そういった観点から以後もリサーチプロジェクトに協力的な関係を維持できるような、適切な謝礼について検討すべきであろう。

またそれがたとえ自社ではなかったとしても、他社が実施するリサーチプロジェクトにも参加してもらえるような状態を作り出すことがリサーチを実施する者として最低限の心構えではないかと思う。少なくとも企業が実施するリサーチになんか二度と参加するものかと思われてしまうことは避けたい。なお、気を付けるべきは謝礼だけではなく、リサーチの実施に関するすべてのコミュニケーションについて細心の注意を払うべきである。

01　エンパシーマップを作ってみよう

想定人数：　1〜4

想定時間：　0.5〜1h

START

インタビューや観察が完了し、ターゲットユーザーのニーズや感情、動機、課題を深く理解することが求められる時。

GOAL

ユーザーに対する解像度が高まっており、問題解決に対するインサイトの抽出や課題に対するソリューションのアイデア創出の準備ができている。

用途と概要

エンパシーマップ（共感マップ）は、ユーザーの体験や行動への理解を深め、製品やサービスに対する感情やニーズを可視化するために作成するツールです。マップを作成することにより、チーム内でユーザーの視点を共有することができ、問題解決のためのインサイト抽出、解くべき問題の定義とその妥当性の検討、そしてアイデア創出へと活用することができます。

アドバイス

エンパシーマップは、一人ひとり、個別のユーザーごとに作成する場合と、特定のターゲットグループやペルソナごとに作成する場合があります。どちらの場合であっても、妄想で作るのではなく、丁寧にリサーチした上で作成してください。想像の及ばないリアルな感情に、ヒントが詰まっています。

手 順

1 対象となるユーザーを設定します

どのユーザー（あるいはユーザーグループやペルソナ）を対象として、エンパシーマップを作成するか決めましょう。

2 ユーザーの置かれた状況を設定します

シナリオ全体のどのフェーズを対象にするかも設定します。ユーザーは具体的に何に直面しているでしょうか。

3 ユーザーの感情や思考を記入します

ユーザーはその時どのように感じ、どのようなことを考えているでしょうか。何を聞き、何を見て、どのような発言や行動をしているでしょうか。

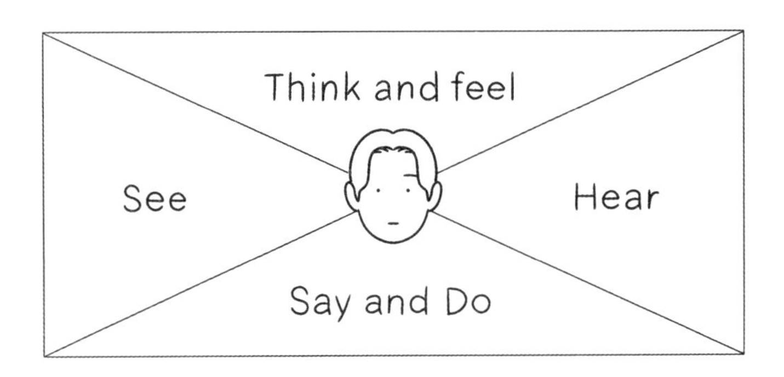

4 ユーザーの課題やニーズを記入します

ユーザが抱えている課題やニーズを書き入れてみましょう。ユーザーは何にストレスを感じているでしょうか。また、どのようになったらユーザーは嬉しいでしょうか。

振り返りと課題

作成したエンパシーマップは、チームメンバーの中で齟齬がありませんか？ ある場合、なぜ認識が一致しないのか突き止めましょう。ユーザーの言葉や表情の受け止め方でしょうか？ または、注目するポイントが違っていたのでしょうか。見直して、より現実に近付けましょう。

02　感情曲線を作ってみよう

想定人数：　1〜4

想定時間：　0.5〜1h

START

特定の体験について、大まかなステップは把握しているが、どのようなイベントがありユーザーの感情にどのような影響があるかを把握できていない。

GOAL

人々の体験の流れと、その体験を通して人々がどのような感情を抱くかが明らかになっている。

用途と概要

感情曲線は、人々の特定の体験や、サービスを使用する際の感情の変化を可視化するものです。体験前、体験中、体験後における感情の変化や、特定の出来事が感情にどのような影響を与えるかを示します。これによりプロダクトやサービスの創出、また改善の機会を特定できます。

アドバイス

初めて取り組む際は、まず、自分自身の経験を振り返りながら感情曲線を作ってみましょう。そうすることで感情曲線作成にあたってのポイントが見えてくるはずです。その後、自分以外の特定の人々、特定のユーザーを対象に感情曲線を作ることに挑戦してみましょう。この時、インタビューをもとに作成する場合もあれば、インタビューの中でインタビュイー（ユーザー自身）に描いてもらうケースも存在します。

手 順

1　トピックを決定します

まず、何について感情の変化を理解したいのかを明らかにし、体験の範囲を定めましょう。

トピックの例　学生時代の経験について、今の会社での仕事内容、最近行った旅行など

2　主要なイベントを書き出します

感情の変化を可視化するため、その体験を、実際の流れに沿って、いくつかのイベント（フェーズ、エピソード）に分けてみましょう。

3　各イベントの感情を検討します

それぞれのイベントについて、どんな感情で臨んだか、ぞれぞれ思い起こして強弱を検討します。

4　グラフにしてみましょう

流れができたら、グラフの枠組みを作成し、その中に感情に合わせて曲線を描画してみましょう。

5　イベントを付け加えてみましょう

一度完成した感情曲線も、イベントが挿入・追加されれば、相対的に変化します。省いていたイベントを追加して、曲線を調整してみましょう。

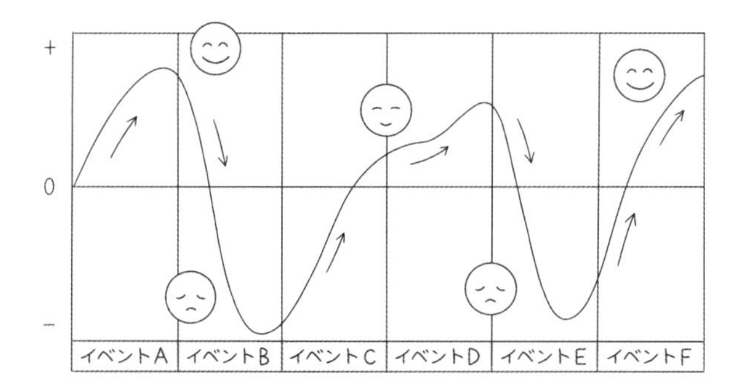

振り返りと課題

描いた曲線は本人の感覚と一致していますか？ 強弱の幅は適切ですか？ 過小または過大に取り上げ強調するのではなく、感情の機微を捉えられているでしょうか。

03 ジャーニーマップを作ってみよう

想定人数：　1〜4

想定時間：　1h〜

START

人々がプロダクトやサービスを使用するプロセスへの理解が曖昧で、彼らのニーズや要望、問題点を把握できていない。

GOAL

人々の体験の流れを詳細に把握し、彼らのニーズや要望、現在の課題が明らかになっている。

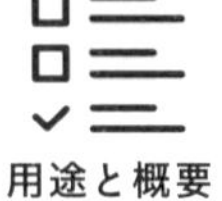
用途と概要

ジャーニーマップは、人々が特定の製品やサービスを利用するプロセスを図示したものです。利用前、利用中、利用後、そのすべてなのか、またどの機能を利用している時なのかといった、体験のある範囲にフォーカスして作成します。プロセスの中の各ステップを深掘りすることによって、どこに問題点があるかを特定し、改善の機会を発見することができます。ジャーニーマップは、製品やサービスの開発や改善だけでなく、マーケティング/セールスプロセスの改善や、その他の業務改善といった様々な目的で利用可能です。

アドバイス

ジャーニーマップは、ユーザーインタビューや観察、デスクリサーチに基づいてリサーチャーが作成するケースが一般的ですが、インタビューやワークショップの中でコ・クリエーション的に作成する場合もあります。効率よくジャーニーを把握することができますし、個々の認識の差異に気付くことができます。

手 順

1　ユーザーグループを特定します

ジャーニーマップでターゲットとなるユーザーのコミュニティや特性を絞りましょう。

2　体験のスコープを設定します

取り上げる体験の範囲を定めます。特に明らかにしたいプロセスの始点と終点を決めましょう。

3　フェーズ(横軸)をリストアップします

2で設定したプロセスを、流れに沿って細分化し、いくつかのフェーズに分けます。

PHASE1	PHASE2	PHASE3	PHASE4	PHASE5

4　要素(縦軸)をリストアップします

タッチポイント、行動、感情など、各フェーズで注目したい要素を複数定めます。

5　各フェーズで起こっていることを書き入れましょう

段階的にユーザーにどのようなことが起こっているかを書き入れましょう。

振り返りと課題

体験のプロセスで起きていたことは、想定通りでしたか？ 作成したジャーニーマップは、チームメンバーの認識と一致していますか？ 抜け漏れがないか、あるいは認識と異なる点がないかを確認してみましょう。また、それぞれのフェーズの課題を抽出できたら、それら課題を解決するアイデアを作ってみましょう。

04 リレーショナルマップを作ってみよう

想定人数：　1〜4

想定時間：　15min〜

START

特定のプロダクトやサービスを取り巻く環境における、様々な要素の存在や関係性が不明瞭な状態。

GOAL

プロダクトやサービスのデザイン・開発で鍵となる要素と、それに関連する要素とのつながりや重要性が把握できている。

用途と概要

リレーショナルマップは、特定のトピックにおいて核となる中心要素と、その他の要素の存在やそれらの関連性を可視化するために使用します。中心からの距離に基づいて要素の関係性や重要度を階層化して示すことができます。要素間の距離は、物理的な距離や接触頻度に限らずメンタルモデルに依存している場合も多く、リレーショナルマップを用いて可視化することが関係性の把握に役立つでしょう。

アドバイス

インタビュー結果をもとに要素をマッピングしてみることをおすすめしますが、リサーチ協力者にワークシートを渡し、直接マッピングを実施してもらうのも良い方法です。練習として、まずは自分自身のことについて、作成してみてもよいでしょう。リレーショナルマップを作成する場合は、紙やホワイトボードに直接書き込むほか、ポストイットやカードに要素を書き出して自由に配置を変えられるようにしても便利です。

手順

1　テーマを設定します

マップを作成する前に、まず、何について理解したいのかを明らかにすることが必要です。練習として自分自身についてマッピングする場合も、テーマを決めましょう。

2　キーワードをリストアップします

テーマに関連するキーワードを挙げていきます。リレーショナルマップで明らかにするのは、人間関係に限りません。テーマに即し、何をリストアップするかも決めましょう。

3　マップを作成します

中心からいくつかの層に分けた空のマップを作成します。層に距離感のラベル付けをしてもよいでしょう。

4　マップの上にキーワードを配置していきます

わかりやすいキーワードからマッピングしていきましょう。配置したキーワードの距離感をみながら調整したり、キーワードを追加したりする必要が生じるかもしれません。

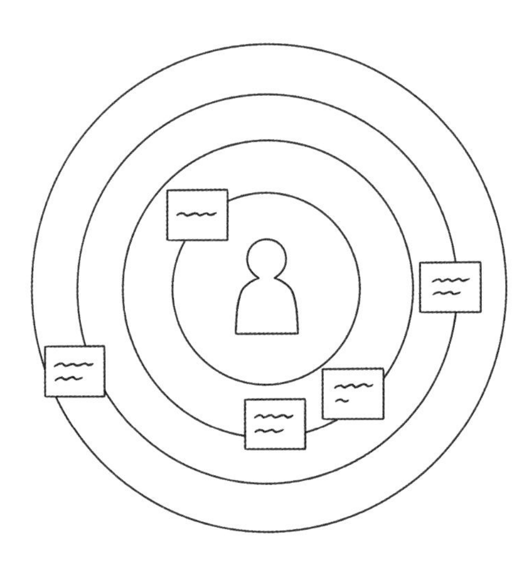

振り返りと課題

マップを作成したら、自分の想定と異なっているもの（本来近くにありそうなものが遠くにあったり、遠くにありそうなものが近くにあるなど）を探し、その理由を検討してみましょう。また、同じテーマで複数人でマップを作成し、それぞれが作成したマップの差異や、その差異がどこから生じているかを話し合ってみましょう。

05　日記調査をやってみよう

想定人数：　1〜4

想定時間：few days〜

START

サービスが対象とする人々や、必要とされるタイミング、その文脈についての理解を深めたい。

GOAL

人々の体験を実際の文脈の中で捉えることにより、彼らの体験を詳細に把握できている。

用途と概要

日記調査は、参加者に自分自身の生活や特定の体験について記録してもらい、データを収集する質的な調査方法です。一連の体験をまとめて振り返るインタビューとは異なり、リアルタイムに近い形で記録してもらうことによって、時間の経過とともに変化する行動パターンや感情・思考の変化を把握することが可能になります。

アドバイス

日記調査というと、1日ごとに何らかの文章を書いてもらう形式を想像しがちですが、必ずしも毎日何らかの文章を記録してもらう必要はなく、イベントが発生するタイミングで起きたこと、感じたこと、考えたことなどを書いてもらう形式も考えられます。また、用意したシートなど紙に記載してもらう方法のほか、LINEなどのメッセージングアプリでテキストや画像送信してもらう方法や、専用の Webサービスに入力してもらう方法もあります。

手 順

1　日記調査の目的を設定します

何のために、どのようなタイミングの情報を収集するかを決めましょう。

2　参加者を選定します

どこからどのように何名の参加者に依頼するかを決めましょう。

3　日記のフォーマットを検討します

どのようなフォーマットが今回の調査に適しているでしょうか。特定の体験が発生する環境によっても、記録しやすい入力形式は変わります。

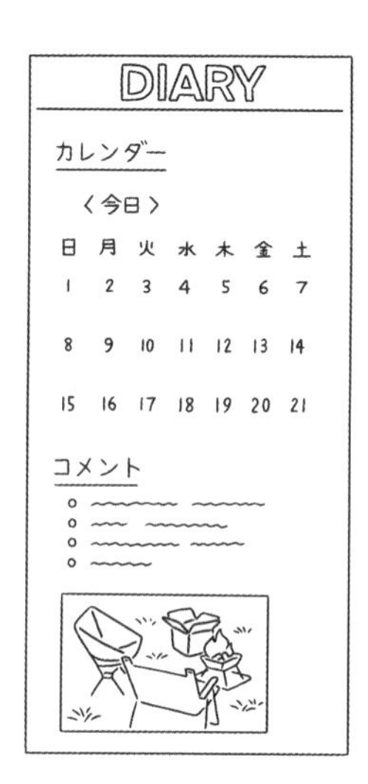

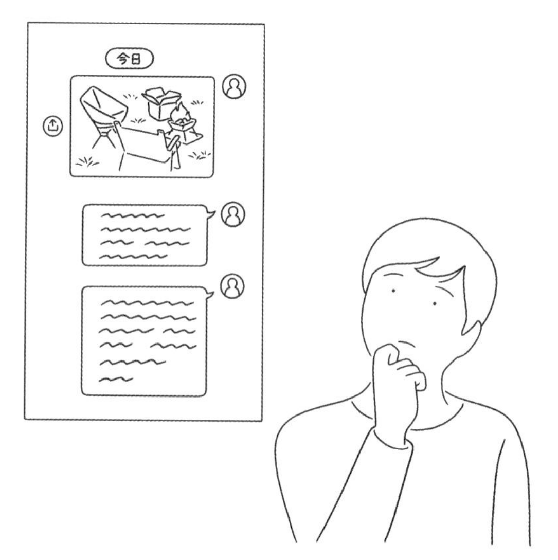

4　参加者に説明を実施します

依頼内容を適切に偏りなく伝え、記録を開始してもらいましょう。なるべく発生の都度記録してもらうことが日記調査のポイントです。

5　データを収集して分析します

集まった記録をもとに、体験に沿った行動・思考を追って把握・整理しましょう。

振り返りと課題

記録してもらった日記は想定どおりのデータで返ってきましたか？ もし、想定と異なっている場合は、日記のフォーマットのデザインや、その伝え方が適切ではなかった可能性があります。また、データの形式が合っていたとしても、収集や分析のフェーズを経ることで「もっとこうすればよかった」「依頼の仕方を変えればよかった」と気が付くこともあります。そのため、いきなり大人数を相手に実施するのではなく、人数を絞った上でパイロットテストを実施してみるとよいでしょう。

06　リサーチツールをデザインしてみよう

想定人数：　1〜4

想定時間：　30min〜

START

特定の文脈における人々の体験や行動について質的データを収集し、理解を深めたい。

GOAL

通常のリサーチでは得られない情報やインスピレーションが得られ、対象となる人々についての理解が深まっている。

自作のリサーチツールを活用することで、参加者の文化的背景、個人的体験、感情的反応などについての深い理解が可能になります。この手法は、探索的リサーチフェーズにおいて特に有効であり、新たな情報やインスピレーションをもたらす場合があります。リサーチツールはプロジェクトの目的や状況に応じてデザインしましょう。

リサーチツールの作成と活用は、実験的で創造的なリサーチ手法です。p.98、p.100で紹介したジャーニーマップやリレーショナルマップのようなガイドラインが存在するわけではなく、リサーチの目的や内容に応じてツールをデザインするところから始まります。オリジナルのリサーチツールを作ったら、まずは1人ないしは少数の参加者を対象にキットの使われ方を観察し、ブラッシュアップしていきましょう。また、いくつかのツールを組み合わせてキットを作ってもよいでしょう。

手順

1　リサーチの目的を設定します

リサーチツールは設計次第で様々な種類のデータを得ることができますが、何のために、何について知りたいのか、焦点を絞りましょう。

2　参加者と参加者の体験について検討します

どこから参加者を選定し、彼らに何を行ってもらうと目的に近付けられるでしょうか？

3　リサーチツールをデザインします

ツールの内容や組み合わせを探りましょう。参加者が前向きに臨める構成・デザインを考えます。

— 例1：観光客向けに自分の街の観光ガイドを作成してもらう

⇒ カメラ、ノート、地図、ペンなどの組み合わせを参加者に提供し、街を歩き情報を収集しながら観光ガイドを作成してもらうことにより、参加者の考えている街の魅力を探る。

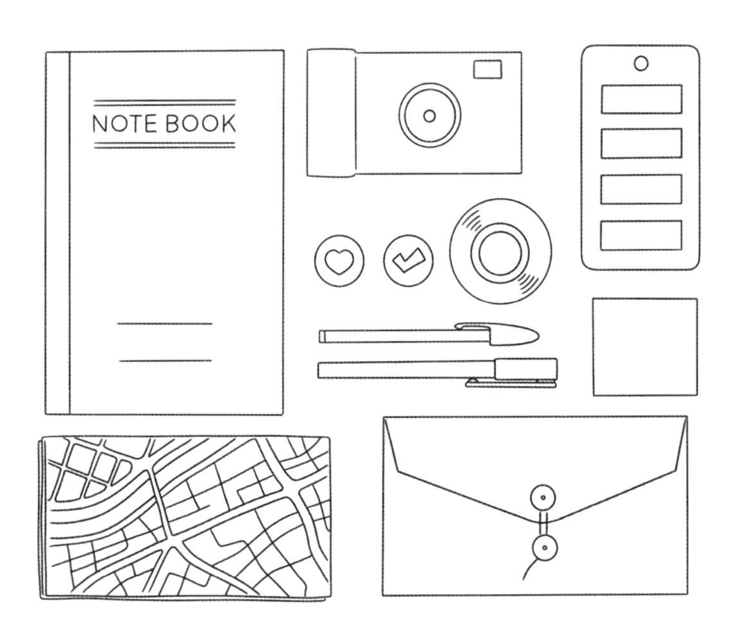

— 例2：ユーザーに直接プロダクトやサービスをデザインしてもらう
⇒ 参加者に段ボールやブロック、粘土などの簡易的な材料やデジタルツールを提供し、「自分の生活を便利にするロボット」をデザインしてもらう。デザインしたロボットに触れながら、参加者の生活についてインタビューすることで、参加者が自身の生活をどう捉えているかを深く理解できる可能性がある。

4 参加者にリサーチツールを提供します

迷いなく使えるよう、リサーチツールについて説明し、作業に取り組んでもらいましょう。

5 リサーチツールの結果を分析します

リサーチツールによって作成されたものを収集・分析します。

振り返りと課題

参加者はリサーチツールを戸惑うことなく使用することができたでしょうか？ リサーチツールで得られた情報は想定通りのものでしたか？ ツールの内容、あるいは説明や使い勝手について良かった点、改善するべき点がないか振り返ってみましょう。

07 観察手法による違いを発見しよう

想定人数：　3

想定時間：　30min〜

START

リサーチにおける観察手法に興味を持っているが、まだ実際にやったことがない。

GOAL

観察手法の違いによって得られる情報の違いや、観察におけるポイントを把握できている。

用途と概要

観察は、現場を知り、現場で起きていることを理解するための重要なリサーチ手法です。インタビューやデスクリサーチでは得られない様々な情報が得られますが、観察の仕方によって得られる情報には違いがあります。ここではいくつかの観察手法を実際にやってみることによって、その違いを体験してみましょう。

アドバイス

実際のプロジェクトにおける観察では「どこで観察するか？」が重要ですが、観察を経験したことがない状態においては、まずはどこかでやってみることが重要です。観察場所として選ぶのは、複数の人々が何らかの行動をしている場所がよいでしょう。この際、現場への影響を最小限に抑え、人々の行動が変わるほど目立ったり邪魔になったりしないよう、気を付けてください。

手 順

1　3人のチームを作ります

これは観察の練習です。3人で別々の観察手法を体験します。

2　観察場所を選びます

繁華街、工事現場、駅、商業施設、公園など、複数の人々の行動を観察しやすい場所へ向かいましょう。

3　3人の担当を決めます

チームメンバーは下記のうちから一人ひとつ担当を決めます。

a. ただ見るだけ
b. 見ながらノートを取る
c. カメラ / ビデオで撮影する

4　同時に10分間程度、同じシーンを観察します

観察中はそれぞれのメンバー同士が会話や手振りなどでコミュニケーションしないようにしましょう。また、観察を実施する際には、下記のような点に注意を払ってみましょう。

— 非言語（ノンバーバル）コミュニケーション
言葉によるコミュニケーションはもちろんですが、観察対象となる人々の手振り身振りなどによるインタラクションも見逃さないようにしましょう。

— パターンや例外を見つける
人々の行動の中にあるパターンを見つけましょう。また、予期せぬことが発生した際の人々の行動にも注意を払いましょう。

— 時間の経過による変化
時間が経過するにつれて人々の行動がどう変化するか着目してみましょう。

5　観察終了後、観察した内容を共有します

それぞれが得た情報にどんな差があったでしょうか。報告して話し合いましょう。

振り返りと課題

観察手法によってどのような違いがありましたか？ 特徴や違いを洗い出してみましょう。また、観察を実施する時に気を付けるポイントはどのようなところでしょうか。発見や反省を踏まえて、同じチームで別の手法を担当して、再度観察をやってみましょう。

08 シャドーイングをやってみよう

想定人数：1〜4

想定時間：30min〜

START

リサーチにおける観察手法に興味を持っているが、まだ実際にやったことがない。

GOAL

シャドーイングの勘所が掴め、プロジェクトの中で必要な際に有効な手法として実施することができる。

用途と概要

シャドーイングは、実際の環境で観察対象となる人の行動を模倣することによって、彼らの実際の体験や行動を詳細に理解することができる手法です。これにより、人々の抱えるニーズや課題を発見し、解くべき問題の設定やソリューション創出のためのインスピレーションを得ることができます。

アドバイス

ここでは実際の環境に身を置いたシャドーイングを実施していますが、デジタルプロダクトを対象にシャドーイングを実施することも検討してみましょう。また可能であれば、シャドーイング終了後に簡単なインタビューを実施することをおすすめします。これにより、より深く対象者の行動を理解することができるでしょう。

手順

1　シャドーイングのターゲットを探します

最初は練習も兼ねて知人にお願いするのがよいでしょう。

2　シャドーイングの場所およびタスクを設定します

練習の場合、場所とタスクはどのようなものでも構いません。例えば「スーパーマーケットで夕食のための買い物をする」といった場所とタスクが考えられます。

3　シャドーイングを開始します

現場に着いたら、ターゲットから少し離れてターゲットの行動を模倣します。この時、ターゲットの行動に影響を与えないように注意しましょう。また、模倣する際には思い込みで行動しないようにしましょう。例えばショッピングカートの押し方、商品の取り方、レジ袋への詰め方など、細かいところまで対象者を模倣していきます。

なお、シャドーイングの実施前に場所のレイアウトなどを把握しておき、シャドーイング時には対象者の動きに集中できるようにしましょう。

4　終了後、成果をまとめます

ターゲットが現場を離れたら、模倣も終了です。シャドーイングで得られたこと、気付いたことを書き出してみましょう。

振り返りと課題

模倣に慣れるまで、何度かやってみることをおすすめします。シャドーイングによって得られた情報、得られなかった情報にはどのようなものがあるでしょうか。また、シャドーイングはどのようなシーンで使うべきか、観察とシャドーイングの違いについても考えてみましょう。

2-2

リサーチ分析ワーク

様々なリサーチを経て得られた情報は、適切に整理することで、改めてチームで共有し、検討を始めるための材料になります。引き続きツールやメソッドを活用しながら、じっくり分析していきましょう。

ダイジェスト　リサーチの分析

01　観察からのAEIOUマップを作ってみよう

02　カスタマープロファイルを作ってみよう

03　ダウンロードをしてみよう

04　インサイトを作ってみよう

05　HMW問題を作ってみよう

06　ペルソナを作成してみよう

07　バリュープロポジションマッピングをしてみよう

08　サービスブループリントを作ってみよう

ワークをはじめる前に：
ダイジェスト　リサーチの分析

分析フェーズ

インタビューや観察などの調査手法を用いて様々な情報を集めたあとは、分析を実施するフェーズである。この分析フェーズこそが、あなたの取り組んでいるプロジェクトにとって何が重要なのか？を見いだし、プロジェクトの方向性を決定づけるための非常に重要なステップである。

分析とは、何らかの目的に基づいてデータを精査することによって明確なアウトプットを試みる行為であり、デザイン業界で広く知られるダブルダイアモンドに沿って説明すると、図2-2-1の1つ目のダイアモンドの右半分である。

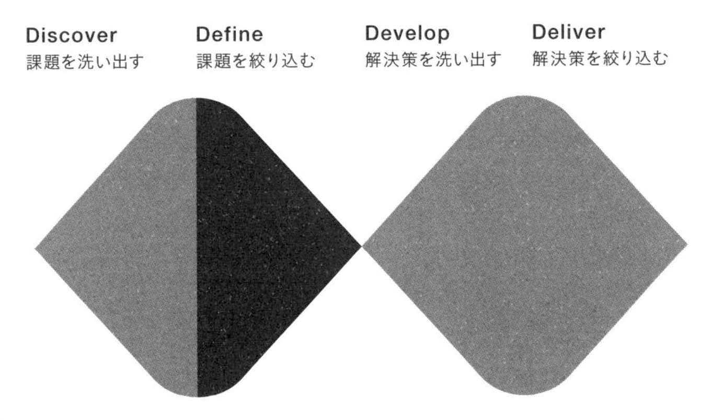

図2-2-1

発散と収束を繰り返す1つ目のダイアモンドの左半分が調査フェーズであり、様々な観点で情報を収集する。スタート地点では、手元にある情報は限られていたが、インタビューや観察、ワークショップなどを通して様々な情報が手元に集まってきている状態が1つ目のダイアモンドの中間部分である。ダイアモンドの縦幅は情報の量、あるいは取り得る可能性、選択肢の幅であると捉えることもできる。人々から様々な情報を集めて、プロジェクトの方向性はかなり広がっているはずである。

デザインリサーチにおける分析とは、解くべき問いを定義すること、機会を見つけ出し、それぞれの問いや機会に優先順位をつけることである。

なお、分析フェーズで重要なことは、決して一人で実施しないということである。これは、複数人の視点を入れることによって、下記のようなメリットがあるからである。

– 異なる視点から情報を評価することができる
– 対話を通して情報に対する理解を深めることができる

同じプロジェクトに参加しているとはいえ、各メンバーは異なるバックグラウンドを持ち、異なるスキルや知識を持ち、興味を持っている分野も異なることが常である。同じものを見たり、同じ話を聞いたとしても、そこから受ける印象は大きく異なるかもしれない。よって、調査を通して得た情報を改めて共有し共に分析することで、そこから新しい発見が生まれる可能性が高い。

リサーチ分析のゴール

リサーチ分析のゴールは、人々に対して新しいプロダクトを提供するための、あるいは既存のプロダクトを改善するための、機会を特定することである。詳細は後述するが、どのようなユーザーに、どのような価値を提供すればよいかを、How Might Weと呼ばれる文章で表現する。機会はプロジェクトの性質によって異なるが、機会を特定するにあたり重要なのは、人々の視点から社会を見つめ、対象に対する理解を深め、内省することだ。リサーチ結果からインスピレーションを得て、議論を起こすことだ。

リサーチ分析の手順

リサーチ分析には様々な方法があり、必ずしもこうしなければならないというものはないが、本書では下記のようなステップに沿って説明する。

- ダウンロード
- テーマ作成（分類）
- インサイト抽出
- 機会発見（How Might We 作成）

ダウンロードとは、調査フェーズで集めた情報を整理しチーム内で共有すること。テーマ作成とは、ダウンロードした情報を分類し、そこから意味を見いだすこと。インサイト抽出とは、作成したテーマをもとに、私たちに新たなインスピレーションを与える文章を作成すること。機会発見とは、インサイトをもとに解くべき課題と、そのためのアプローチを設定することである。

このようなステップに沿わずに、調査した内容を俯瞰的に眺めながら、直接機会を特定することも不可能ではないだろう。それにもかかわらず、上記のようなプロセスがあるのはなぜだろうか。私はプロセスを共有し、プロセスに従ってプロジェクトを進めることで下記のような利点があると考えている。

- チームとして働く際の作業の流れと意思決定の過程を透明化し、チームとしてコラボレーションしやすい状態を作り出すことができる
- 結論に至った背景を説明できる
- 機会がイマイチだった場合に前に戻ることができる
- どこに問題があるかを確認することができる

チームの結束を高める

プロセスを透明化することで、チームの結束を高めプロジェクトを前に進める原動力とすることができる。

調査結果から直接機会を特定する場合、どのようにして機会に辿り着いたかは、その担当者の頭の中では整理されているかもしれないが、チームの他

のメンバーがその過程を推測できない場合がある。また作業後に、自分たちがどのようなプロセスを経て現在の結果に辿り着いたかを振り返ることができるほうが、納得感を得られる。

チームの各々が納得感を持ち、チームとしての自分たちの決定に自信を持てることが、プロジェクトにとって大切なのである。

ステークホルダーを巻き込む

リサーチチームのみで実行まで担当するプロジェクトも存在するが、多くの場合はリサーチ結果をステークホルダーに伝え、次のアクションに繋げていくことになるだろう。

ステークホルダーに説明する時に、なぜその結論になったかを根拠をもとに説明できなくてはならない。なんとなく調査したらこうなりましたではなく、このような考えに基づいて、このような結論になりましたと伝えたほうが納得感が増す。

また、その推論過程にズレがあれば、その時点で指摘してもらえる。その場合は、新しい情報を得られたことに感謝しつつ、インサイト抽出をやり直せばよいのである。

つまり、ストーリーに説得力を持たせると同時に、プロセスを検証可能にすることで、手戻りを最小限にすることができる。プロセスに従ってステークホルダーを巻き込みながら作業していれば、最初まで戻らずにすむのである。

チームとしての学びの質を高める

分析時にプロセスを重要視することの価値のひとつは、組織としての学びの質にあると考えられる。プロセスは武器である。武器は使い込むことでより研ぎ澄まされていく。

ここで紹介するプロセスは、すべてのプロジェクトに対して最適とはいえないかもしれないが、多くのプロジェクトにおいて高いパフォーマンスを発揮できると考えられているものだ。

もうひとつ、プロセスに基づいてプロジェクトを進めることの利点に、プロジェクトの状態や進捗についての共通認識を、チームメンバーあるいはステークホルダーと容易に共有することができる点がある。これは言い換えれば、問題があれば適切なタイミングで軌道修正可能であるともいえる。
　また、私はプロジェクトに取り組む際に専用のプロジェクトルームを用意することを推奨している。プロジェクトに関連する資料をそこに集めることによって、ひと目見ればプロジェクトの状況を把握できるようにするのである。リモート主体のプロジェクトなどは、オンラインホワイトボードなどでもよい。一箇所にすべての情報を集め、一覧性を確保することが重要である。

ダウンロード

　ダウンロードとは、調査フェーズで集めた情報をチーム内で共有することである。チームとして一緒にプロジェクトに取り組み、同じ時間、同じ場所で同じインタビューセッションや観察セッションに参加していても、そこで見たものや感じたものや得られたインスピレーションはチームメンバーによって大きく異なることがある。このような差が気付きとなり、イノベーションのためのヒントになることは珍しくない。同じ時間、同じ場所で同じインタビューセッションや観察セッションに参加していても、得られるものに差異が生まれる。この差異を認識するのもダウンロードの目的のひとつである。
　また、規模の大きなプロジェクトでは、複数のグループに分かれて調査に取り組むケースもあるだろう。チームメンバー全員がすべてのセッションに参加していたとは限らない。それぞれの担当者が見たもの聞いたものをチームで共有する必要がある。

ダウンロードの手順

　ダウンロードの手順について説明する。これまでに実施したインタビューや観察の内容について、それぞれの担当者がリサーチの内容を振り返りながら概要を説明していく。ここでは、インタビューや観察で得た情報をまとめたプロファイルシートや観察シートが役に立つであろう。プロファイルシートとは、図2-2-2のようなものである。

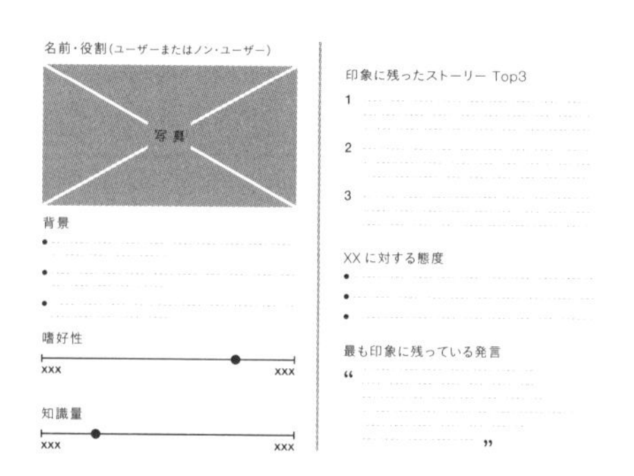

図2-2-2

これらの情報がなければならないというわけではなく、リサーチのテーマに応じて、適宜内容を組み換えて構わない。また、写真は撮影が難しい場合、イラストなどで代用することもあるだろう。

背景とは、どんな仕事をしていて、どんな生活をしているかといったその人のことを示す様々な情報である。属性とは、例えば嗜好性と知識量で分類した上でインタビュー対象者をリクルーティングしたのであれば、そのインタビュー対象者が、その指標の上でどこに属するかを示したものだ。

インタビュー協力者1人につき1枚のシートを作成していく。これによって、どのような人に対してインタビューを実施したか、その人からどのような情報が得られたかをひと目で把握することができるようになる。

一方で、観察シートは、図2-2-3のような形にまとめる。

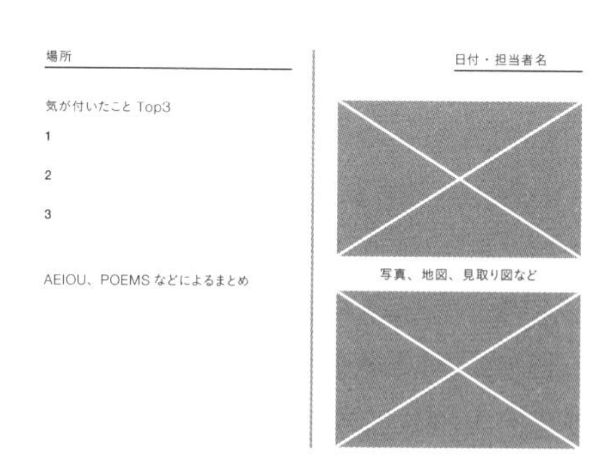

図2-2-3

こちらもフォーマットについては自由だが、1回の観察につき1枚作成するとよい。観察結果をまとめる時は、実際その場に行っていないメンバーにも状況が伝わるように、写真や地図などを併せて記録しよう。チームメンバー全員で観察を実施したとしても、数週間もすればその時の記憶は薄れていく。顧客情報の保護や秘密保持などの事情で写真撮影ができない場合は、その場のスケッチを描くことで代用する場合がある。

また、ワークで解説するが、AEIOUやPOEMSなど、観察を分析するいくつかのフレームワークがあるので活用したい。

ここにまとめた情報について、それぞれの担当者がチームの皆に共有するのがダウンロードである。情報を共有している時は、随時質問を挟んでもよい。興味深いと感じた点についてはどんどん掘り下げていこう。そうすることで、新しい発見があるかもしれない。

一通り議論が落ち着いたら、そのセッションの中で印象深いと感じたトピックについてポストイットに書き込んで壁に貼っていこう。ここでポストイットに書き留める情報＝ダウンロードした情報を、本書ではファインディングスと呼ぶ。ファインディングスとしては、下記のようなものが挙げられる。

– 人々が語ったストーリー
– 人々のニーズ
– 人々の行動
– 観察結果
– インタビューの中で得られた興味深い発言
– インタビューの中で得られた発言や、観察で得られた人々の行動が示唆するもの

など

ポストイットに記載する際には、単語ではなく、文章で記載することを心がける。プロジェクト中、あるいはプロジェクト後にダウンロードした情報を見返した時に、どのような内容であったかを容易に思い出せるように書き留める必要がある。

テーマ作成（分類）

ダウンロードの次はテーマ作成である。テーマとは、ファインディングス（ポストイットに書き出した情報）の分類をして、その各要素に含まれる共通のテーマを導き出すことである。

英語ではThemeと呼ぶことが一般的であるため本書でもテーマと称する。Themeは、特定の情報からテーマを見いだす、あるいは設定するといった意味で使われる。分類あるいはカテゴライズとして説明したほうが理解が容易であろう。

分類の手順は、例えば下記のような方法である。

①一番興味深いポストイットを手に取る
②空いているスペースに移動させる
③移動させたポストイットに近い内容のポストイットを探す
④内容が近いと思われるポストイット同士を近くに配置する
⑤上記を繰り返し、ある程度分類が見えてきたらそれぞれのグループごとに名前を付ける

インサイト抽出

次に、グルーピングされたポストイット（ファインディングス）からインサイトを抽出する。インサイトとは、インタビューや観察などの調査から得られたファインディングスをもとに作成する簡潔な文章で、新しい発想のヒントとなるものである。

良いインサイトとは何かを一言で言い表すのは難しいが、ひとつの基準として次のようなものが挙げられるだろう。

－文章を読んで状況を理解できること
－イノベーションのヒントとなっていること
－新規性があり、容易に予測できないこと

機会発見（How Might We 作成）

インサイトを抽出したあとは、いよいよ機会発見のフェーズである。前述した通り、機会とは、新しい事業や、プロダクトの可能性がある領域、新しい機能の可能性や、改善すべきポイントなどである。

ただし、機会であればどのようなものであってもよいというわけではなく、その機会に対して新しい意味のあるソリューションを生み出せるような類いのものでなければならない。

この機会を定義する方法として、本書ではHow Might Weを使用する。How Might Weとはアイデアを出すための発射台と考えてもよいが、「どうすれば我々は○○できるだろうか？」のような質問形式で表現される文章のことである。

How Might Weの作り方

How Might Weは、対象となるユーザー、ゴール、制約から構成され、「どのようにすれば私たちは【対象となるユーザー】のために【制約】を考慮しながら【ゴール】を提供できるだろうか」のような文章になる。なお、【】の中に入る文章に応じて【】の前後は多少変わっても問題ない。

そしてここでのゴールは、前節で作成したインサイトから提供されるため多少の主観が入っても構わない。一方で、対象となるユーザーや制約については、リサーチで得られた、ある程度客観的な情報から作成する。なお、ゴールを定義する時に注意すべきは、前向きで建設的な文章となるように心がけることだ。例えば、「東京を訪れる外国人旅行者のために、インターネットがない環境で魅力的な場所を見つけてもらう方法をデザインする。」といった文章である。

これらは数多くの下書きを経て、文章をブラッシュアップしていくべきであり、ほとんど同じ内容のHow Might Weであっても、いくつかのパターンを作ってみてほしい。ほんの少しの言い回しの違いでアイデアの出しやすさが大きく変わることもあるからだ。良いHow Might Weとは、たくさんのアイデアを呼び起こすようなものである。

How Might Weのように、わざわざリサーチ結果から問いを立ててアイデア出しをするというのは一見遠回りのようにも見える。しかし実際には、解決の方向性についてチームで意思統一をしておくことで、より密度の濃いアイデア出しが可能になる。別々に凄いアイデアを探るより、最終的により良いアイデアが出揃うのである。

問いの定義でソリューションの幅が変わる

Fjordのマネージングディレクターである Shelley Evensonの言葉に次のようなものがある。

「私があなたに花瓶を作るように依頼するとしましょう。あなたは何枚かの形状の花瓶をスケッチしたり、あるいはモデリングしたりするでしょうが、それらのほとんどはおそらく通常の花瓶のいとこのように、つまり似たようなものになってしまうでしょう。しかし、もし私があなたに、人々の生活の中に植物を取り入れる方法を、あるいは人々が花を楽しむ方法をデザインするように依頼したとしたらどうでしょうか。」

この話のポイントは2点ある。

1点目は、従来のデザインと、現代のデザインの差でもある。従来のデザインにおけるプロダクトは、外から見た形状や素材、色、大きさ、コストなどによって評価されてきたが、現代のプロダクトの評価軸はそれだけではない。そのプロダクトが人々や社会に対してどのような価値を提供するかが重要となってきているのである。

そして、2点目は、問いをいかに定義するかによって、ソリューションの幅をコントロールすることができるということである。花瓶は確かに、花を我々の生活に取り入れ、花を楽しむための良い方法である。一方で、目的にフォーカスするのであれば、ソリューションが必ずしも花瓶である必要はないことは明確であるし、人々が花を楽しむ方法については、おそらく様々なアイデアが生まれてくるはずである。

問いは広ければ良いというものでもない。例えば「花」という制約を取っ払ってしまって「人々が生活を楽しむ方法をデザインしてください」というお題について考えてみよう。花を使わなくてもよいわけだから、さぞかし様々なアイデアが出てきそうなものである。しかしながら実際にはほとんど使えそうなアイデアが出てこないのが実情だ。そのため、広すぎず、狭すぎない、ちょうどよい問いを生み出す必要がある。

センスチェッキング

センスチェックとは、ステークホルダーの目線で、その課題がそのように解決されると嬉しいかどうか、あるいはそれぞれの問いが重要かそうでないか、を確認することである。つまり、それが本当に我々が解くべき課題なのかを確認するのである。

センスチェッキングの方法は様々である。How Might Weを一つひとつ説明して、それぞれについてディスカッションすることもあるし、1つのHow Might Weを1枚の紙に印刷した紙の束を打ち合わせの場に持参し、重要/重要でない、理解できる/理解できない、などの2軸でマッピングしてもらうこともある。

これらの結果を元に、How Might Weを練り直したり、あるいはさらに詳細なリサーチに取り組むこともある。デザインプロセスというのは、決して一本道ではない。状況によっては手戻りも発生するし、ジグザグにプロジェクトが進んでいく場合も当然ある。柔軟にプロセスを組み替えながらゴールに向かう姿勢が重要だ。

インスピレーションを刺激する資料を用意する

ただ文章だけをHow Might Weとして用意するのもよいが、その背景を説明するためにリサーチで得られた写真などを添えるのもよい。言葉だけではイメージするものが人によって大きく異なる。状況を言葉で誤解のないように伝えようとすると、説明的な文章となり、How Might Weの内容を理解するのに時間を要してしまう。写真として提示することで、聞き手はHow Might Weの意図するところを容易に理解することができるだけでなく、写真が制約としての役割も果たすのだ。

ここで用意したHow Might Weを携えて、アイデア創出に進もう。

01 観察からのAEIOUマップを作ってみよう

想定人数：　1〜4

想定時間：　30min〜

START

現場での観察が完了し、これから得られた情報の整理に取り組む状態。

GOAL

観察で得られた情報が整理され、チームで共有して検討が始められる状態。

用途と概要

AEIOUは、観察で得られた情報を整理・分析するためのフレームワークです。Activities（活動）、Environment（環境）、Interactions（相互作用）、Objects（モノ）、Users（ユーザー）の5つのカテゴリ毎に情報を整理します。これにより、サービスや製品が置かれた環境を多角的かつ包括的に理解することが可能になります。

アドバイス

観察結果を整理する枠組みには、AEIOUの他にPOEMSなどいくつかのバリエーションがあります。POEMSはPeople（人々）、Objects（モノ）、Environment（環境）、Messages（情報やコミュニケーション）、Services（サービス）の頭文字をとったもので、どのようなコミュニケーションがなされているかやサービスの流れにも着目し、より広い観点から分析が必要な際に利用するとよいでしょう。

手順

1　観察を実施します

これまでのワークで行った観察の結果を用いてもよいでしょう。

2　観察で得たデータを書き出します

観察で得られた情報を要素ごとにポストイットやカードに書き出します。

3　AEIOUに分類します

書き出した情報を分類していきます。例えば「店舗の前は人通りが多い」はEに、「店員が顧客のリクエストに応え在庫を検索している」は「I」にといったように、「A（活動）」「E（環境）」「I（相互作用）」「O（モノ）」「U（ユーザー）」のラベルの下へ貼り出していくとよいでしょう。

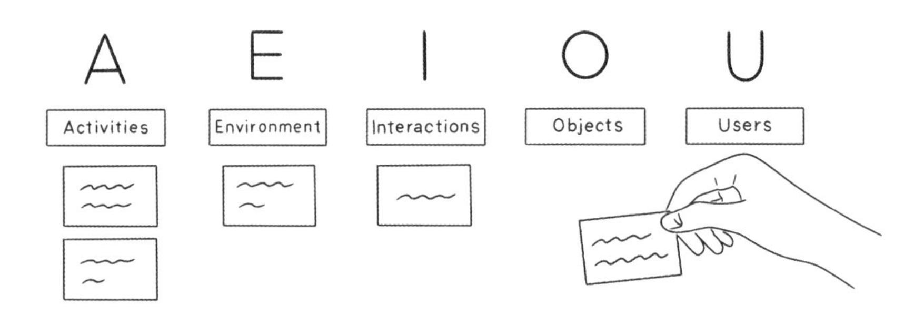

4　分類したデータを共有し分析します

AEIOUで分類したデータをチームで共有し、状況を理解しましょう。また、気付いたことをチームで話し合ってみましょう。

振り返りと課題

観察した結果を要素ごとに分類することで、見えてきたものはありましたか？ AEIOUで分類しないままのデータと、分類したデータとでは、整理のしやすさがどのように異なっていたでしょうか。調査内容をあとから見返した時に、役立つ整理がなされていますか？

02 カスタマープロファイルを作ってみよう

想定人数：　1〜2

想定時間：　30min〜

START

インタビューが完了し、これから得られた情報の整理に取り組む状態。

GOAL

インタビューで得られた情報が整理され、チームに共有できる状態。

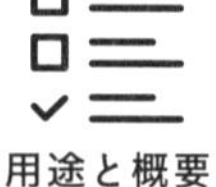

用途と概要

インタビューの発言録ではなく、インタビューで得られた情報を集約したシートを作成することで、それぞれのインタビュー参加者の情報とそこから得られた洞察を、迅速にチーム内で共有することができます。

アドバイス

インタビューから時間が経てば経つほど、インタビューで得られた情報の記憶は薄まっていきます。インタビュー終了後、速やかにデブリーフィング（振り返り）を行い、カスタマープロファイルを作成しましょう。カスタマープロファイルに記載する情報は、デモグラフィック情報を中心とする顧客情報（年齢、性別、職業、居住地、生活のスタイル、興味、利用しているプロダクトやサービスなど）と、トピックに関してインタビューで得られた情報（ニーズや課題、要望、関心事、価値観、意思決定プロセス、プロダクトやサービスに対する姿勢、意見）を分けて記載できるようにしましょう。

手順

1　インタビューを実施します

これまでのワークで行ったインタビューの結果を用いてもよいでしょう。

2　シートを用意します

プロファイルシートの項目は、プロジェクトの性質（目的やフェーズなど）に応じて、カスタマイズするとよいでしょう。

3　デブリーフィングを実施します

インタビューに同席したメンバーで、事実確認を行います。インタビューの内容を振り返り、その中で感じたことを話し合いましょう。

4　カスタマープロファイルを作成します

インタビューおよびデブリーフィングで得られた情報を、シートに記入してまとめます。

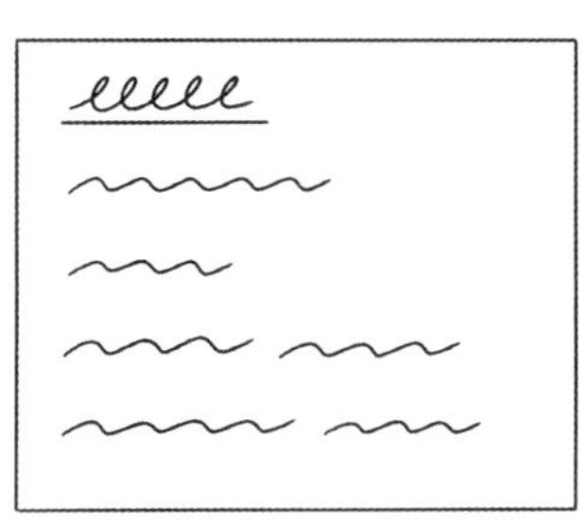

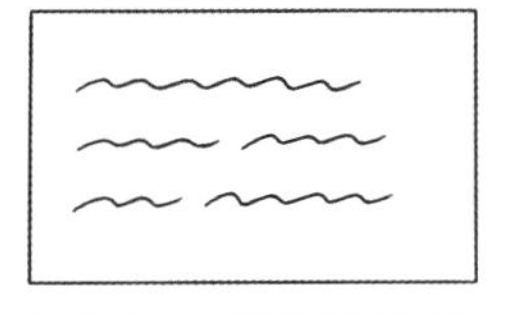

振り返りと課題

作成したプロファイルシートの項目は、インタビューで得られた情報を記載するのに十分でしたか？ 記載しづらかった箇所などはありましたか？ また、作成したプロファイルを使用して、インタビューの内容をインタビューに同席していない人に紹介してみましょう。

03 ダウンロードをしてみよう

想定人数：　2〜4

想定時間：　30min〜

START

インタビューや観察が完了し、これから得られた情報の整理に取り組む状態。

GOAL

インタビューや観察で得られた情報が整理され、チームに共有できる状態。

用途と概要

ダウンロードとは、集めたデータの共有を指します。インタビューや観察において得られた情報や知見を整理し、チームで共有するとともに、共有されたチームメンバーが感じたことや気付いたことも共有します。さらに、それらを踏まえて重要であると感じられる点を書き留めていきます。これらの活動は、リサーチによって得られた情報を分析し、インサイトを抽出するためのための下準備ともいえるでしょう。

アドバイス

ダウンロードには十分な時間を取りましょう。実施したインタビューを一つひとつ紹介し、チームで議論すると、ひとつのインタビューあたり15〜20分程度では短く感じるはずです。なお、ここで書き記す項目に間違いなどはありません。気になったことはとにかくポストイットに書き出していきましょう。

手 順

1　実施したインタビューや観察を共有します

この時、発言録などの生のデータではなく、前項のカスタマープロファイルなど情報を集約したシートを使用して、チームに共有することが望ましいです。

2　実施者が内容をひとつずつ紹介します

インタビューの実施者（リサーチャー）は、自分が担当したインタビューや観察の内容を丁寧に紹介していきましょう。

3　紹介を聞いて気付いたことを共有します

その他の人は、実施者の話を聞きながら、ポストイットに気付きを書き記していきましょう。例えば、ユーザーの属性、ユーザーの発言や行動、ユーザーのニーズ、ユーザーの課題など、気になったことであればどのようなことでも構いません。些末と思われることもすべて共有します。

4　共有の中から重要な気付きを書き留めます

共有を踏まえて、中でも重要な気付きについて全員で議論し、また新たな気付きをポストイットに書き留めていきます。

振り返りと課題

それぞれのインタビューや観察について、十分な数のポストイットが書き記されましたか？ 1人のインタビューで少なくとも数十枚、多いと100枚を超える場合もあります。あまり数がなかったとしたら、インタビューそのものや、共有の仕方に問題があった可能性があります。

04　インサイトを作ってみよう

想定人数：　2〜4

想定時間：　30min〜

START

インタビューや観察を経て、ダウンロードが完了した状態。

GOAL

リサーチで得られた様々な情報からインサイトが抽出できている。

用途と概要

インタビューや観察から得られた情報を解釈して生まれる、人々の本質的な課題やニーズに関する洞察がインサイトです。インサイトは、多くの人の共感を呼び起こすような、インスピレーショナルで簡潔な文章の形で表現することが多く、解くべき問題の定義には欠かせないものです。

アドバイス

ダウンロードした情報をグループに分ける時は、ボトムアップ的に進めることがポイントです。先にグループ（例：使用前、使用中、使用後といったラベル）を作ってから情報を分類していくのではなく、似た情報を集めてからグループを象徴する名前を付けましょう。

手順

1　ダウンロードした情報を一覧します

p.130のようなプロセスを経て書き出したポストイットを、一覧できる状態にしましょう。机の上や壁に並べたり、オンラインホワイトボード上に配置します。

2　最も興味を引くものをピックアップします

今ある情報の中で、一番興味深いポストイットを探しましょう。この時、チームとして意味を見いだせる情報であれば、厳密に一番であるかを議論する必要はありません。

3　近いものを探します

ピックアップした情報に似ている情報を、近くに寄せます。いくつ移動しても構いません。

4　いくつかのグループになるまで繰り返します

これを何度か繰り返すことによって、ダウンロードした情報がいくつかのグループとして可視化されます。

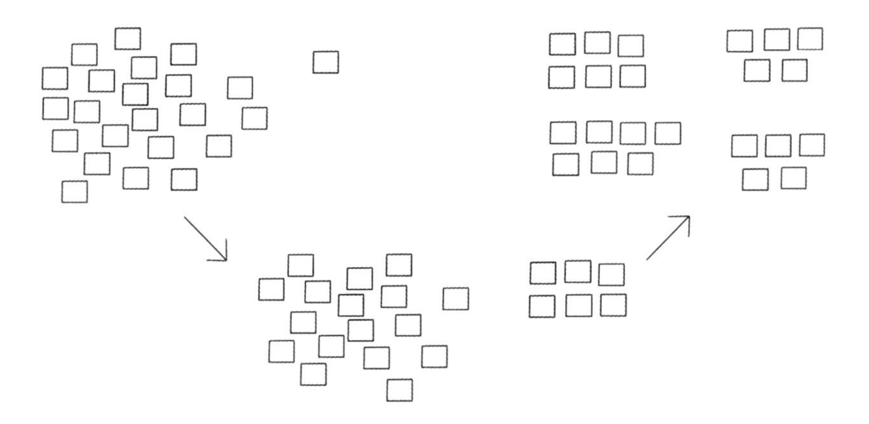

5　グループにテーマ名を付けます

グループが出来上がってから名前を付けることが重要です。テーマ名の付け方に制約はありません。

6　インサイトを作成します

インサイトは、新しい発想のヒントとなる文章です。グルーピングしたポストイットの情報をもとに、簡潔なインサイトを抽出しましょう。また、インサイトはいくつか作成してみましょう。

7　キーとなるインサイトを選びます

作成したインサイトの中から、特にキーとなるインサイトを全員で選んでみましょう。

振り返りと課題

作成したインサイトが次の条件を満たすか考えてみましょう。

- **これまでプロジェクトに関わってこなかった人でもインサイトを読んだだけで文脈がわかる**
- **既知の情報ではなく驚きがある**
- **次のアクションに繋がる**

05　HMW問題を作ってみよう

想定人数：　2〜4

想定時間：　30min〜

START

インサイトが抽出されており、これから解くべき問題を定める状態。

GOAL

解くべき問題(How Might We＝HMW)が定まっている。

解くべき問題を定めることは、チームとして製品やサービスを創出・改善するために重要なステップとなります。この時、How Might We＝HMWというテクニックがアイデアを出すための土台となり、広く様々なアプローチでソリューションを探索することを促進します。

HMWを作成する際には、“ちょうどよい”問題を設定する必要があります。解くべき問いが広すぎると、解決策のアプローチとして様々なアイデアが出ますが、浅いと感じられるアイデアも多くなるでしょう。一方で、解くべき問題が狭すぎてもアイデアを出しづらく、また具体的すぎるアイデアが多くなってしまう可能性があります。

手 順

1　インサイトから機会を作成します

インサイトを抽出したあとにまずやるべきは、機会の発見です。機会とは、新しい事業や新しい領域、新しい機能の可能性かもしれません。

2　機会からHMWを作成します

「How Might We ～」は日本語で「我々はどうすれば◯◯できるか」という形に置き換えられます。解くべき問題をこの形の文章で定義してみましょう。

3　キーとなるHMWを選びます

作成したHMW中から、キーとなるHMWを皆で選んでみましょう。

振り返りと課題

良いHMWとは、それを起点に様々なアイデアが容易に生み出されることです。作成したHMWを使ってアイデアを実際に出してみましょう。あまりアイデアが出なかった場合は、HMWを改善してみましょう。

06　ペルソナを作成してみよう

想定人数：　1〜4

想定時間：　30min〜

START

インタビューや観察によるリサーチが実施されており、これから解くべき問題を定める状態。

GOAL

ユーザー像がチームで共有され、解くべき問題に関与する人々が具体的になっている。

用途と概要

リサーチで得られた実在する人々についての洞察は非常に価値のあるものである一方で、すべてのデータを把握し議論を進めることは難しい場合もあります。ペルソナ（ユーザー像）を作成することで、プロジェクトが対象とする人々と、彼らの生活やニーズ、課題を明確にします。これにより、解くべき問題としてフォーカスすべき領域について、チームで共通認識を持つことができます。

アドバイス

ペルソナは必ずリサーチに基づいて作成しましょう。また、チーム内でペルソナを共有する時は、リサーチで得られた様々なデータを合わせて提示すると説得力が増します。ペルソナは一度作ったら終わりではありません。プロジェクトが進むにつれて新たな情報が得られた時にはペルソナをアップデートしていきましょう。

手順

1　ユーザーデータを収集します

インタビューや観察などにより、対象とする人々の生活様式や仕事の進め方、抱える課題やニーズについて把握します。

2　いくつかのユーザーグループに分けます

リサーチの対象者をいくつかのグループに分けることができないか検討しましょう。特定のサービスを使う人々であっても、彼らの行動や、抱えている課題、ニーズは様々です。

3　ラフなペルソナを作成します

グルーピングできたら、それぞれのユーザーグループを代表するラフなペルソナを作成しましょう。名前、年齢、性別、職業などの基本情報や、生活スタイルや課題、ニーズなどを書き入れていきます。

4　ペルソナを具体化します

リサーチで得られた結果を基に、ペルソナを詳細化して肉付けしていきます。

5　ペルソナを共有します

作成したペルソナをチームやステークホルダーと共有し、ペルソナに対するフィードバックを集めます。この時プロジェクトの方向性についても共有しておくとよいでしょう。

6　ペルソナをブラッシュアップします

フィードバックに基づき、ペルソナをよりリアルな像にブラッシュアップしていきます。

振り返りと課題

ペルソナはリサーチの結果を反映し、十分にリアリティのあるものとなっているでしょうか。思い込みで肉付けし、自分たちに都合の良いペルソナになってしまっていないか、見直しましょう。

07 バリュープロポジションマッピングをしてみよう

想定人数：　1〜4
想定時間：　30min〜

START

インタビューや観察によるリサーチが実施されており、これから解くべき問題を定める状態。

GOAL

顧客が抱える課題とニーズ、解決策が満たすべき要件が明らかになっている。

用途と概要

解くべき問題を定める前に、ユーザーのニーズや要望、彼らが達成しようとしていること（ジョブ）を明確に定めることが重要です。また、すでにプロダクトやサービスが存在する場合や、代替手段がある場合は、それらが提供する価値を可視化して、既存の解決策では満たされていないユーザーのニーズや欲求を見いだすことが可能になります。

アドバイス

バリュープロポジションキャンバスは、プロダクト・サービスのバリュープロポジション（p.140のイラスト左側）と顧客セグメント（p.140のイラスト右側）によって構成されることが一般的です。ただし、必ずしも最初から両側を作成する必要はありません。まずは、顧客の課題やペイン・ゲインを整理しておくことで、解決すべき問題を定義しやすくなります。

手 順

1　顧客セグメントを特定します

どのような属性の人々を対象にニーズや要望を整理するかを定めましょう。異なる顧客グループは異なるニーズや課題を持つことが一般的であり、顧客セグメントごとにマッピングを行います。

2　顧客が達成したいことを特定します

顧客が達成しようとしていることを特定しましょう。ジョブ理論によれば顧客の達成したいことは機能的なもの（特定のタスクの完了）の他に、社会的なもの（社会的な側面や周囲からの目線に対する願望の達成）、感情的なもの（自分自身の感情的な願望にフォーカス）の形を取ることがあります。

3　顧客のペインを特定します

顧客が抱える問題を書き出します。ジョブを達成する過程で遭遇する障害や困難にはどんなものがあるでしょうか。

4　顧客のゲインを特定します

顧客がプロダクトやサービスを使うことによって得たいと考えている結果を書き出します。彼らは課題をどのように解決されると嬉しいでしょうか。

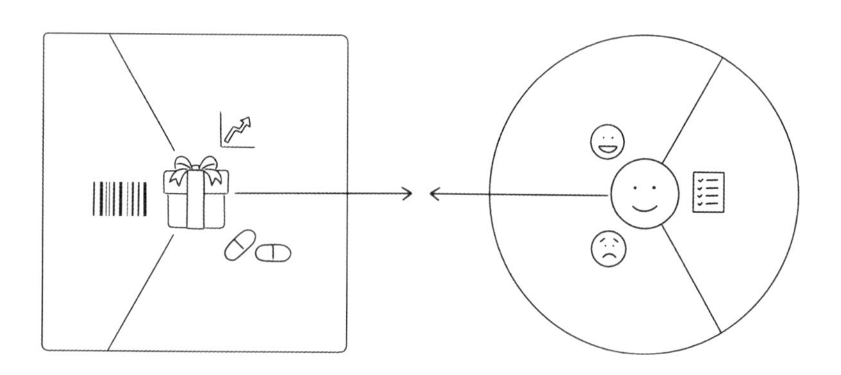

5　既存の商品や代替手段について整理します

すでにあるサービスやプロダクト、代替手段となるものの特徴や機能を書き出します。それらがどのようにして顧客のペインを軽減または解消しているか（ペインリリーバー）、またどのようにして新たな価値を提供して彼らの期待に答えているか（ゲインクリエーター）を書き出しましょう。

振り返りと課題

顧客のジョブ、ペイン、ゲインに対して、既存のプロダクトやサービスや代替手段は十分な価値を提供しているでしょうか。もし提供できていない点があるとしたらどのような点でしょうか。また、解消されていない顧客のペインやゲインを解決することによって、どの程度のインパクトが期待できるかについても考えてみましょう。

08　サービスブループリントを作ってみよう

想定人数：　1〜4

想定時間：　30min〜

START

プロダクトやサービスがどのようにして提供されるのか、認識が統一されていない状態。

GOAL

プロダクトやサービスの流れが包括的に可視化されており、良い点、改善を要する点が抽出可能になっている。

用途と概要

サービスブループリントとは、サービスの提供側とユーザー双方の動きを流れに沿って表した1枚図です。プロダクトやサービスを提供する際のユーザーとのタッチポイントと、そのために必要なフロントエンドとバックエンドでの活動やコミュニケーションをマッピングすることにより、サービスの流れを包括的に可視化し、改善点を特定することが容易になります。

アドバイス

サービスがどのようにして提供されているかについて、サービス提供側でも担当者や部門によって認識に差異があることが珍しくありません。サービスブループリントは、プロダクトやサービスの改善のためだけではなく、ステークホルダー間のコミュニケーションや共通理解促進のために利用することもできます。

手順

1　スコープを明確にします

サービスブループリントとしてマッピングしようとする領域が、サービスのどの部分であるか、またどのような人々に対する部分であるかを明確化します。

2　ステークホルダーを特定します

プロダクトやサービスの提供のために、どのような人々が関わっているかを特定します。

3　ユーザーデータを収集します

インタビューや観察から、サービスを利用する人々がどのようにしてサービスを使用しているか、またサービス提供に関わる人々がどのような活動をしているかについても把握し情報をまとめます。

4　ユーザーの行動をマッピングします

プロダクトやサービスを利用する人々がどのような行動をするか。また、どのようなタッチポイントがあるかを特定し、マッピングします（サービスブループリントの横軸はユーザーの体験としての時間軸で、縦軸は上から順にユーザーの行動、フロントステージ、バックステージを記載していくとよいでしょう）。

5　提供側の動きをマッピングします

サービスのタッチポイントを実現するために、フロントステージ（ユーザーから見えるサービス提供側の行動）およびバックステージ（ユーザーから見えないサービス提供側の行動）でどのような活動がなされているかを特定し、マッピングします。

振り返りと課題

作成したサービスブループリントを用いて、課題と機会の抽出に取り組んでみましょう。まずはサービスの利用者視点での各ステップにおいて、課題が存在しないか、より良くできるポイントがないかを検討し、改善策を立案します。

2-3

アイデア創出ワーク

アイデア創出とはアイデアを出すこと、あるいはより良いアイデアを作ることです。作成したHow Might Weを用いて、アイディエーションを行い、アイデアをコンセプトに育て、人に伝えられるようになりましょう。

ダイジェスト　アイディエーションからコンセプト作成まで

01　ラピッドアイディエーションをやってみよう

02　与えられた役割でディスカッションをしてみよう

03　コンセプトを作ってみよう

04　ストーリーボードを作ってみよう

05　エクスペリメントをやってみよう

06　Anti-Solutionsからの改善をやってみよう

ワークをはじめる前に：

ダイジェスト　アイディエーションから コンセプト作成まで

デザインにおけるアイディエーションの役割

本稿ではブレインストーミングを前提にアイディエーションについて説明するが、ブレインストーミングはアイディエーションのためのひとつの方法にすぎず、アイディエーションフェーズの役割を達成できるのであれば、どのようなアイディエーション手法を使用しても問題はない。

デザインプロジェクト、あるいはデザイン思考といえばポストイット、というイメージを持つ人も多いと思う。そしてポストイットといえば、多くの人はアイデア出しをイメージするだろう。しかしながらこのアイデア出し、つまりブレインストーミング（ブレスト）は、その役割や特性を正しく認識した上で実施しないと、せっかく時間をとってブレストをしたのにいまいちイケてるアイデアが出てこない……を繰り返すことになり、疲れだけが残ることもある。

アイディエーションはただアイデアを出すだけの行為ではなく、デザインプロセスにおける前後のステップと密接な関わりがある点について解説したい。アイディエーションとは、解くべき問いを定義して、コンセプトを見いだすまでの一連の流れの中で、アイデアを発散させることを指す。これを図にすると、図2-3-1のようになる。

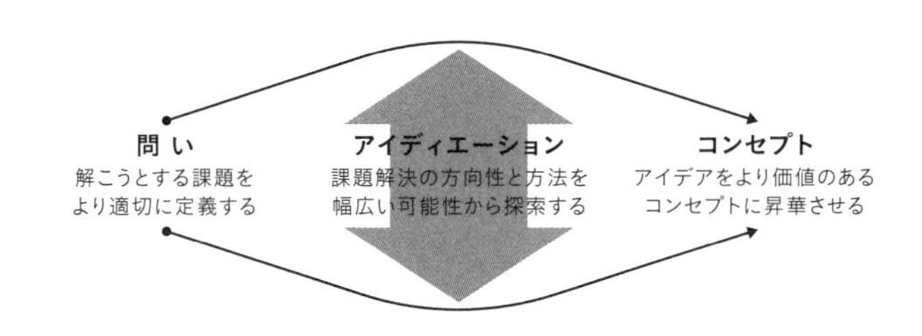
問い
解こうとする課題を
より適切に定義する
アイディエーション
課題解決の方向性と方法を
幅広い可能性から探索する
コンセプト
アイデアをより価値のある
コンセプトに昇華させる

図2-3-1

大きな流れとして、問いをスタート地点とし、アイディエーションでその可能性を広げ、コンセプトとして具体化するのである。適切なアプローチを選択するためにはまず、どのようなアプローチが存在するかをリストアップして検討の俎上に載せる必要がある。

そこで、アプローチとして可能性があるものをできる限り多く出し、どのアプローチがより良いかを比較検討し、取捨選択したり、ブラッシュアップしたりしてコンセプトを作り上げていくのだ。この一連の流れの中において、アイディエーションの役割は大きく分けて3つある。

– 課題を解決する方向性と方法を探索する
– 解こうとする問いとコンテクストを適切に定義する
– アイデアをブラッシュアップしてコンセプトへの橋渡しをする

ここから、良いコンセプトを生み出すためのアイディエーションとはどのようなものかを考えてみる。良いコンセプトを作るという観点から逆向きに考えると次のようになる。

– より良いコンセプトを生み出すためには、適切な幅と深さのあるアイデア群から絞り込みを行うこと
– 適切な幅と深さのあるアイデア群を作るためには、定義された問いの中で集中的にアイデアを出し、ブラッシュアップを行うこと
– 適切なアイデアを出すためには、適切に問いを定義すること

このようにアイディエーションをするにあたっては、アイディエーションの役割を踏まえた上で適切に取り組む必要がある。

アイディエーションの準備

次に、誰とどのようにアイディエーションを実施するかを定める必要がある。ブレインストーミング一つをとっても、その参加者と進め方には状況に応じて様々なバリエーションがある。

参加者の範囲

まずはアイディエーションセッションに誰に参加してもらうか、効果や現実性を踏まえて検討するべきであろう。自分たちで実施するケース、同僚を巻き込むケース、ステークホルダーや想定ユーザーと一緒に取り組むケースが考えられる。

プロセスの範囲

異なる検討項目として、アイディエーションの参加者にデザインプロセスのどの範囲まで関与してもらうかもひとつのポイントであろう。アイデアだけ出すケース、コンセプト作成まで行うケースが考えられる。

用意するもの

– アイデアを書くための紙（A5程度の大きさ）
– アイデアを書くためのペン（見やすい濃さと太さ）
– アイデアを書くための机（3-4名のチームで囲めるサイズ）
– アイデアを貼るための十分な壁
– アイデアを書いた紙を壁に貼るためのマスキングテープ
– How Might Weを印刷した紙（参加者が常に確認できる形）
– インスピレーションを与える何か（トピックに関する写真など）

ブレインストーミングのルール

ブレインストーミングは「ブレスト」と略され日本のビジネスの現場において比較的広く取り入れられている手法でもあるが、デザインリサーチに利用するという観点から改めてポイントを紹介したい。

ひとつのセッションを30分以内に収める

アイディエーションというのは集中力を要する行為であるが、人間が集中力を持続できる時間には限界がある。数十分間にわたってアイデアを出すことに頭を使うよりも、数分単位で集中する時間を作ることを意識する。どうしても30分で収まり切らない場合は休憩を取るなどして、参加者に疲労感を感じさせず、かつ集中力が持続するように工夫しよう。

アイデアの良し悪しを判断しない

ブレインストーミングは質より量が大事だ。より良いコンセプトを作り出すためには数多くのアイデアから選ぶ必要がある。とにかくアイデアを発散させることを重視するのである。質にこだわったり、参加者が良くないアイデアを出してはいけないと萎縮すると、数が出なくなる。とりあえず思いついたことは場に出してみることを心がける。その場に出てきたアイデアが他の人に影響を与えて、新しいアイデアが生まれるのが理想である。

突拍子もないアイデアを歓迎する

実現には多くの困難を伴うような突拍子もないアイデアも、他のアイデアを生み出すための良い呼び水になることがある。技術的な制約や政治的な事情、あるいは事業的な持続可能性などの観点から実現が難しかったとしても、そのアイデアをもとに実現可能なアイデアが出てくるとしたら、突拍子もないアイデアがチームに対して大きな貢献を果たしたと考えてよいだろう。

人のアイデアに便乗することを歓迎する

ブレインストーミングにおいては他人のアイデアに便乗しアイデアをブラッシュアップすることが歓迎される。

アイデアは質より量であるものの、独立したアイデアをとにかく出すだけではなく、他人のアイデアに便乗したり、そこからインスピレーションを得ることにこそ価値があるケースが多い。また、ゼロから新しいアイデアを考えるよりも、他人のアイデアをちょっと良くするほうが実は簡単だったりする。他人のアイデアに便乗するには「アイデアの一部を変化させる」「アイデア同士を結合する」「アイデアを具体化する」など、いくつかのパターンが想定される。

テーマを忘れない

アイデア出しに熱中していると、稀に、何のためにブレインストーミングを行っているのか忘れる場合がある。適切な範囲の中でアイデアを出すために、テーマは紙に書くなどして、常に参加者の目に入るよう実施する。

人の話に割り込まない

参加者がそれぞれアイデアを出すだけではなく、そのコンテクストを含めてチームで共有することが重要であり、それによってアイデア同士のコラボレーションが生まれることがある。人の話を聞いていて他のアイデアが生まれた場合も割り込まず、ぜひ紙に書いてほしい。口頭で述べたアイデアは3秒後には世の中から消えてしまうと思ってよい。

すべて紙に書く

アイデアはすべて紙に書く。「紙に書かれないアイデアは無価値」ぐらいの強い気持ちで挑んでほしい。音声によるコミュニケーションは非常に利便性の高いものであるが、音だけだとすぐに我々の記憶から消えてしまう。録音できても時系列に沿って表現されるために、様々な情報を一覧したり必要に応じて分類・整理したいケースにおいては適切ではない。紙に記された情報を介したコミュニケーションは、リアルタイム性やインタラクティブ性には乏しいものの、壁などに貼り出すことによって多くの情報を一覧できる状態を作り出せ、容易に分類・整理可能である。これによりその後のフェーズにおいてアイデアをコンセプトに繋げやすくしているのだ。また、他の人が特定のアイデアの上にさらなるアイデアを重ねることも容易となる。

1枚の紙には1つのアイデア

後に分類・整理することを考えて、1つの紙に書いてよいアイデアは1つとする。いくつかの派生系やバリエーションが想定される場合も、それぞれ1つのアイデアとして1枚ずつ書き留めていこう。

アイデア選択

アイディエーション後は、アイデアの中から有望なものを選択する。

このステップにおいてまず検討すべきことは、そのアイデアがそもそもプロジェクトのお題にマッチしているかである。アイディエーションのルールを覚えているだろうか。突飛なアイデアは大歓迎であるし、その場でジャッジしてはいけないとも書いた。そうすると当然のことながら、そもそもプロジェクトの目的やスコープ、あるいは解こうとする問いの内容に照らし合わせた時にふさわしくないものが出てくるであろう。

それらのアイデアは大きな可能性を秘めている可能性があり、そこから素晴らしいプロダクトが生まれてくる可能性も当然ある。しかしアイディエーション後はひとまずプロジェクトとしての目的に立ち返らなければならない。

注意しなければならないのは、完璧なアイデアというものはこの時点では存在しないということと、この時点で選ばれなかったとして、それらは完全に消えるものではないということだ。一度出たアイデアはいつでも参照できるようにしておくべきであるし、ふいにそれらアイデアが日の目を見る日もくるかもしれない。

そしてアイデアに必要なのは愛ではなく、それをコンセプトに昇華させるためのサポートである。つまり、そのアイデアを愛せるかどうかではなく、今後プロダクトとして世の中に出るまでをサポートしたいと思えるアイデアを選ばなければならない。これらのことを念頭に置きつつ、選んでいこう。

アイデアを選択する時には、まず評価軸を定める。評価軸はYes / Noで答えられるようなものがわかりやすい。これは例えば、「東京以外の地域でも成立するだろうか？」「スケーラビリティがあるだろうか？」「SDGsの観点から受け入れ可能だろうか？」「子どもでも利用可能だろうか？」「技術的に実現可能だろうか？」などになる。

Yes / Noで回答できないような評価も当然ある。例えば「技術的難易度はどの程度だろうか？」「既存事業との相乗効果はどの程度あるだろうか？」のような観点があり得るだろう。

これらの評価基準はプロジェクトごとに大きく異なるものであるため、プロジェクトの目的を念頭に基準をチームで定める必要がある。

ただし、ここで注意しなければならない点がある。場に出たアイデアを見ながら基準を作ってはいけない。これをしてしまうと特定のアイデアを採用するために、あるいは落とすためにバイアスが含まれた評価基準になってしまう可能性が高い。

また、ブレインストーミングへの参加者が評価軸を事前に知っていると、出すアイデアに何らかのバイアスが生じてしまうので、評価軸をブレインストーミングへの参加者に知らせないほうがよいだろう。

得られたアイデアを比較する時は、マトリックスを用いてアイデアをマッピングしていく。使用するマトリックスは1つである必要はなく、いくつかの評価軸を用いてアイデアを評価するのがおすすめだ。また明らかに評価が低くても、一度マトリックス上に配置してみることをおすすめする。このようにチームメンバーの目に見える形にしておくことで、個別のアイデアによるバイアスの影響を極力小さくすることが可能になる。

上記プロセスを経て、最も有望なアイデアを選び出そう。

アイディエーションの役割は3つあると述べた。幅広いアイデアを出して解決の方向性と方法を探索すること、アイデアをブラッシュアップしてコンセプトへの橋渡しをすること、そして設定した問いの検証をすることである。

つまり、アイディエーションを経て、適切なアイデアが出てこない場合、How Might Weが適切でない可能性がある。How Might Weの検証が必要だ。適切でないといってもいくつかのパターンが想定される。問いの設定が広すぎる場合、狭すぎる場合、そして問題が問題ではなかった場合、課題へのアプローチが適切ではなかった場合である。

コンセプトの作成

アイディエーションが終わると、目の前には様々なアイデアがあることだろう。それらアイデアは大いなる可能性に満ちているものの、粒度がまちまちのはずだ。あるものは抽象的だったり、あるものは具体的なように見えるが人によって解釈が大きく異なるかもしれない。アイディエーションの参加者同士であれば、文脈を共有しているためある程度の共通認識が形成されているかもしれないが、それをステークホルダーに伝え、社会に送り出すためにはアイデアをコンセプトに昇華させる必要がある。

アイデアとコンセプトの違いとして明確な定義は存在しないが、本書ではアイデアを具体化したものをコンセプトと呼ぶ。アイデアとは「買い物するためのアプリを作る」のようなもの。コンセプトとは「外出難民のために、買い物するためのアプリを作る」のように、より具体的な情報で表現する。

デザインリサーチでコンセプトを作成する目的は、大きく分けると下記の2つである。

– リサーチを通して得られた知見をステークホルダーに伝える
– プロダクトに関するアイデアをより具体的な形で検証する

リサーチの結果はステークホルダーに伝え、プロダクトの開発や改善、新たな施策の実施など、具体的なアクションに繋げなければならない。そのためにはどのような情報をどのように提示すればよいのだろうか。リサーチのインタビュー結果やそこから導かれるインサイトを示すことももちろん重要だが、ある程度具体的なソリューションやアクションのイメージが湧かないと、インサイトを提示されても判断できないはずだ。

リサーチプロジェクトのアウトプットとしてどのようなものを求められているかはプロジェクトによって大きく異なるが、ラフなコンセプトを作成するケースは少なくない。

また、デザインリサーチのプロセスは検証可能であるべきである。つまり、How Might Weが適切であったかどうかはアイディエーションによって検証可能であるし、アイディエーションで出てきたアイデアが適切であったかはコンセプトを作成することによって検証可能である。コンセプトを作成してみたところ、そもそもHow Might Weから見直したほうがよさそうだと判断されるケースもあるだろう。必要であればアイディエーションをやり直してもよいし、How Might Weを作成し直してもよい。もちろん時間や予算などの制約があり、それら制約の中で最適な答えを出さなければならないとしても、実施したリサーチが不十分であったこと、あるいはもっと良いソリューションの可能性に気が付くことができれば、それはデザインリサーチのひとつの成果であるといえよう。

ストーリーテリング

コンセプトを作成したら、それをチームの中で眠らせておくのではなく、実現へと向けた後押しをしなければならない。多くの場合、リサーチの結果はビジネスチームやプロダクト開発チームに対して伝えることになるであろう。ただ淡々と集めた情報や、分析結果を伝えるのではなく、どのように伝えれば開発チームやビジネスチームが動き出すか、あるいは動きやすいかを検討し、彼らの都合を考慮した形でリサーチ結果を伝える必要がある。

リサーチを通して見いだした様々な情報は、プロダクトのデザインを行うためのインプットとなる。プロダクトをデザインするためには、どのような情報があればよいだろうか。例えば下記のようなものが挙げられる。

インサイト

これはリサーチを通して発見した情報であり、未来を示唆するような文章が望ましい。インサイトをチーム外の人に伝える際は、相手を傷つけたり、あるいは恥をかかせたりするものでないか、十分配慮する必要がある。リサーチチーム内であれば、露骨なインサイトやニュアンスが伝わることを重視した多少インフォーマルな言葉遣いであっても許容されるかもしれないが、外に出すアウトプットとして文章が適切であるか、必ず検討してほしい。

解くべき問い(How Might We)

本書ではHow Might Weとして表現したが、リサーチを通して見いだした解くべき問いについて紹介する必要があるだろう。デザインリサーチでは、調査手法によって得られた情報から直接ソリューションを作成するのではなく、一度課題として定義してからソリューションを検討する。デザインリサーチの結果をステークホルダーに対して共有する際には、そもそもチームがどのような問いを解くべきだと考えているのか、あるいはどのような問いを解くべくコンセプトを作成したのかを伝える必要がある。これにより、チームがコンセプトに至った背景がより理解しやすくなるだろう。

問いに対するアプローチの例(コンセプト)

解くべき問いだけでは、それの意図するところを推し量るにも限界がある。ある程度具体的なコンセプトを示すことで、デザインリサーチのアウトプットをより価値のあるものにすることができる。なお、ここで示すコンセプトは必ずしも実現可能性を十分に考慮したものでなくても構わない。例えばエンジニアリング的に実現が容易でなかったとしても、そのコンセプトの本質的なメッセージが受け手に伝わればエンジニアリングチームと協議して現実的な落とし所を探ることも可能だ。ファッション業界や自動車業界ではファッションショーやモビリティショーなどでコンセプトモデルを展示した上で、それを量産可能な形に落とし込んで市販するケースが多く見られる。そのままプロダクトに落とし込める形でコンセプトとして提示できればそれに越したことはないが、それを重視したばかりに伝えるべきメッセージが伝わらなければ意味がない。重要なのはチームが見いだした問いに対するアプローチを聴衆に理解可能な形で伝えることである。

人々を理解するための情報（ペルソナやカスタマージャーニーなど）

コンセプトだけではなく、コンセプトの対象となる人々を理解するための情報を併せて提示してもよいだろう。またペルソナなどで表現される想定ユーザーの人物像と合わせて、カスタマージャーニーがあるとより適切にコンセプトを伝えることができる。人々がコンセプトと接する中でどのように行動し、どのようなタッチポイントが存在するか、また、一連の人々の行動の中で最も重要でコンセプトを実現する上で鍵となると思われる部分はどこか、目で見て把握することができるようになるため、コンセプトの内容をより容易に理解してもらえるだろう。

以上がストーリーテリングの素材となるが、ビジネス側が知りたいことを盛り込む工夫を心がけたい。

ビジネスの現場でよく利用されるペルソナは、デザインリサーチの過程で生み出されるペルソナとは少々異なり、アンケート調査などをもとに作成されることがある。つまり前者のペルソナは「自社の現在の、あるいは過去の顧客の多くはこのような人々」を意味することが多い。デザインリサーチにおけるペルソナは、現在の顧客ではなく将来の顧客である。そのためペルソナを用いて人々の生活を説明しようとする際には、それがどの程度現実的な人なのか説得する必要があるだろう。そのペルソナに近い人々がこの社会にどの程度存在するかについても確かめておくことでより説得力が増すはずだ。

このようなケースでは、質的なリサーチと量的なリサーチを組み合わせたリサーチを実施することがあり、質的調査と量的調査の組み合わせによって見いだされるインサイトを「ハイブリッドインサイト」と呼ぶ。質的調査であたりをつけたあとに量的調査で妥当性を検証するケースもあれば、質的調査と量的調査を同時に実施するケースもある。例えば、アクティビティトラッカーをリサーチ協力者に装着してもらった上で、同じ期間を対象に質的調査（例えば日記調査とインタビューなど）を実施するのである。

デザインリサーチにおける定量調査への注目は年々高まっており、今後ハイブリッドインサイトはさらに重視されるようになるものと考えている。適切にリサーチを実施することで、ペルソナの妥当性のような問いにも答えることができるだろう。

実際のストーリーテリング手法として、多くのケースで使用されるのは、リサーチプレイブックなどと呼ばれるドキュメントである。これはパワーポイントであったり、製本され関係者に配布されたりする。このドキュメントの中には、プロジェクトの概要からリサーチのプロセス、各調査で得られたインサイトや見いだされた機会、そしてコンセプトまでが一連の資料として整理されている。この資料を手に入れた者は、内容を順番に読めば、リサーチの内容を追体験することができるようになっている。一方で、展示会のように一定期間部屋を確保して、壁面にポスターを貼ったりリサーチ資料を手に取れるように展示したり、あるいはリサーチの様子を示す写真や動画を掲示する方法もある。このような方法をとる場合は、説明のためにリサーチャーが部屋で待機して、見学者を案内したり来場者とディスカッションできるようにしておくべきであろう。ただ資料を渡して目を通しておいてくださいと言い置くよりも、より適切にプロジェクトの内容を理解してもらうことが期待できる。もちろん、リサーチプレイブックを作成した上で展示会を開催しても問題ないし、プレゼン用の映像を作成する方法もある。もしくは、社内にリサーチで得られた結論とそこに至るプロセスを説明するだけで事足りるケースもある。

いずれにせよ、ストーリーテリングの方法にルールがあるわけではないため、リサーチの内容を誰に伝えたいのか、またその結果どのような行動を取ってほしいのかを念頭に置いて最適な方法を検討してほしい。

01 ラピッドアイディエーションをやってみよう

想定人数：　3〜5

想定時間：　0.5〜1h

START

解くべき問題が見えており、アイデアが必要な状態。

GOAL

解くべき問題に対する解決のためのアイデアが多く出ている状態。

用途と概要

アイデアを創出する手法にはあらゆるものがありますが、初期の段階では多くの時間をかけずに様々なアプローチのアイデアを生み出し、方向性を定めることが重要です。ここでは、アイデアの質よりも量を重視します。また、チームでアイデアを共有し、互いにブラッシュアップすることも意識してみましょう。

アドバイス

熟考すれば良いアイデアを出せると考えてしまいがちですが、まずは短時間で大量のアイデアを出すことにチャレンジしてみてください。3分間はとても短い時間に思えますが、集中力を保ってアイデアを出すと、思った以上に疲れることに気が付くと思います。適度に休憩を挟みながら、また全体を通しても長時間に及ばないよう注意しつつ、チームで取り組んでみましょう。

手順

1	**解くべき問いを用意します**	p.135で定めた問いを用いてもよいでしょう。チームメンバーに問いを説明しましょう。
2	**問いに沿ってアイデアを出します**	3分間計り、できるだけ多くのアイデアを出します。各々が口にする形でも、ポストイットに書く形でも構いません。
3	**アイデアを共有します**	チームメンバーに自分のアイデアを説明しましょう。次のアイデア出しの参考になります。
4	**もう一度アイデアを出します**	**3**を踏まえて、3分間計り、できるだけ多くのアイデアを出します。
5	**アイデアを共有します**	チームメンバーに自分のアイデアを説明します。これを繰り返し、アイデアの数が十分に揃ったら終わりましょう。

振り返りと課題

アイデアは十分に出ましたか？ 回を重ねてブラッシュアップされたアイデアはありましたか？ 出てきたアイデアを眺めてみて、それらはプロジェクトの方向性に沿ったものだったでしょうか。もし大きくズレているようであれば、解くべき問いを改善する必要があるかもしれません。ラピッドアイディエーションは問いの検証にも有効です。

02　与えられた役割でディスカッションをしてみよう

想定人数：　4

想定時間：　30min〜

START

いつもと異なる視点でアイデアについて議論し、より創造的な解決策や新しいアイデアを生み出したい。

GOAL

多様な視点から検討を重ねることにより、より質の高いアイデアが得られている。

用途と概要

チーム内で新たなアイデアを創出するためには、コミュニケーションの障壁を取り除き、いつもの流れや定型から脱して、異なる意見やアイデアを出すための「場」を作ることが重要です。このワークでは、それぞれに役割を与えてチームで議論を行います。多様な視点から議論することの効果とその価値を体験してみましょう。

アドバイス

議論をする中で、まずは自我を捨て、それぞれの役割を忠実に演じることに努めてみましょう。また、参加者の役割を変えて議論し直してみてもよいでしょう。この方法は、Mover / Follower / Opposer / Bystander以外の役をあてはめることもでき、アイデアを出すタイミングだけではなく様々なシーンで利用することができます。

手順

1　メンバーの役割を決定します

4人程度のチームになり、それぞれのメンバーの役割を決定します。

— Mover（推進する者）：
新しいアイデアの投下や提案を行い、変化を推進する役割。

— Follower（追随する者）：
提案されたアイデアに賛同し、それを実現するためにMoverを補佐する役割。

— Opposer（反対する者）：
提案に対して批判的な視点を提供し、潜在的な問題を指摘する役割。

— Bystander（傍観する者）：
中立的な立場から観察して頷きなどで反応し、他のメンバー間での議論を促す役割。

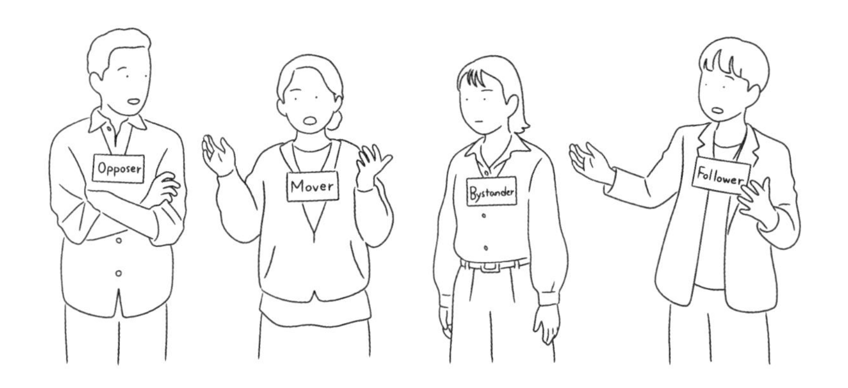

2　お題を設定します

HMWを作成したのであればそれを活用してもよいですし、「新しいカフェのコンセプトを考える」など架空のプロジェクトを設定してもよいでしょう。あるいは「自分たちのサービスのコンバージョン率を改善するにはどうしたらいいか？」など、実際のプロジェクトに則した具体的なお題を設定しても構いません。

3　10分間程度でディスカッションします

a. まずはMover役の人がチームメンバーにアイデアを共有します。次に、Followerがアイデアを肯定する意見を述べたり、改善のためのアイデアを出しましょう
b. その後、Opposerは彼らに対する批判的な意見や、懸念点を述べます。最後にBystanderは中立的な立場から議論に対する客観的な視点やフィードバックを提供します
c. このサイクルを何度も繰り返してみましょう

振り返りと課題

議論はいつもとどう違っていたでしょうか？ それぞれの役割による異なる視点がどのように新しいアイデアをもたらしたのかを振り返り、評価してみましょう。また、役割の演じ分けが自分たちの思考にどのように影響したか、チームとしてどのような学びがあったかを共有しましょう。チームやプロジェクトに新しい視点が必要な時、まずは演じてみることからも変化を与えていくことができます。

03　コンセプトを作ってみよう

想定人数：　1〜4

想定時間：　30min〜

START

アイディエーションを経て、幅広いアイデアが眼の前にある状態。

GOAL

アイデアがより具体化され、実現に向けた枠組みができている。

アイディエーションによって生み出されたアイデアは一般的に抽象度が高いため、そのアイデアの価値を評価することは困難です。コンセプトとしてアイデアを具体化することにより、チームメンバーやステークホルダーとの認識のズレを少なくし、コミュニケーションを容易にするほか、より有益なフィードバックを得られるようになるでしょう。

コンセプトの表現方法はいくつかあり、必ずしも本ワークで紹介する方法を用いる必要はありません。まずはユーザーの課題やニーズを捉えてユーザーを中心に据えたコンセプトを作成すること、プロダクトやサービスがユーザーに対してどのように価値を提供するのかをストーリーで捉えること、いきなり細部まで具体化するのではなくインクリメンタルに評価をしながらまずは雑に、素早く形にしながら徐々にブラッシュアップしていくことが重要です。

手 順

1　アイデアを一覧できる状態にします

アイディエーションで生まれたアイデアを壁に貼るなどして、引いてすべてが見える形にしましょう。この時机の上に並べると、数が多いと多方向から一度に見ることが難しいので、壁を使うのがおすすめです。

2　アイデアに対して投票します

細長いポストイットやシールなどを使用して、これは！と思うアイデアに投票していきます。投票の仕方は様々ですが、例えばチームメンバー１人につき5票まで、好きなものに投票する(1つのアイデアに複数人投票OK)などとしておくとよいでしょう。

3　ベースとなるアイデアを決定します

多くの得票が得られたアイデアの中から、コンセプトに昇華させるアイデアを選択しましょう。なお、最初から完璧なアイデアはありません。これをブラッシュアップしたら良いコンセプトになりそう、という有望なアイデアを選択することが重要です。

この際、最も有望そうなアイデアが、必ずしも全員にとってお気に入りのアイデアではないケースも存在します。アイデアが選択できたら、有望なアイデアをいかに育てていくかに気持ちを切り替えましょう。

4　コンセプトを作ります

コンセプトは例えば、下記のような項目に落とし込んでいきます。

a. タイトル
b. 概要
c. ユーザーにとってのコンセプトの価値
d. シナリオ(絵コンテなど)

コンセプト名	ターゲット
コンセプト概要	コンセプトの価値

シナリオ					
1	2	3	4	5	6

振り返りと課題

作成したコンセプトの概要、価値、シナリオに矛盾点はありませんか？ シナリオに沿って使用すれば、ユーザーは価値を享受できるでしょうか。ステークホルダーや対象となるユーザーに見せて、フィードバックを集めてみましょう。

04　ストーリーボードを作ってみよう

想定人数：　1〜4

想定時間：　30min〜

START

アイデアをブラッシュアップしてコンセプトができている状態。

GOAL

チームメンバーとプロダクトやサービスの利用シナリオについて合意し、ステークホルダーに伝える準備ができている。

用途と概要

ストーリーボードは、プロダクトやサービスがいつ、誰に、どんな時に、どうやって、どんなもの（形状、サイズ、見た目など）を、どう使われるのかを視覚的に表現します。そのためストーリーボードを作成する過程で、プロダクトやサービスを具体化する必要があり、一種のプロトタイピングと考えることもできます。

アドバイス

コンセプトをストーリーボードとして描く過程で、様々な検討が必要になるはずです。最初の段階から細部まで詰め込んでしまうよりは、ラフなスケッチで全体像を描いてみることから始めましょう（例えば、棒人間でも十分です）。内容をブラッシュアップしながら、クオリティを上げていきます。なお、自分たちにとって都合の良すぎるストーリーになっていないかを常に意識してください。

手順

1 シナリオを選定します

まずストーリーの流れを考えます。主要なシーンやイベントにはどのようなものがありますか？登場人物を考えましょう。

2 スクリプトを作成します

ストーリーを構成する上で、登場人物のセリフや行動、シーンの設定を行い、サービスと登場人物とのタッチポイントを書き出していきます。

3 ラフビジュアルとテキストを作成します

ラフなスケッチを作成して、各シーンを説明するテキストを書き加えます。スケッチとテキストを組み合わせることで、各シーンをより詳細に伝えることが可能になります。

4 ブラッシュアップします

ストーリーボードをチーム内で共有し、フィードバックを収集して改善します。最初はクオリティを気にせずラフな状態から始めて、改善と共にクオリティを高めていきましょう。

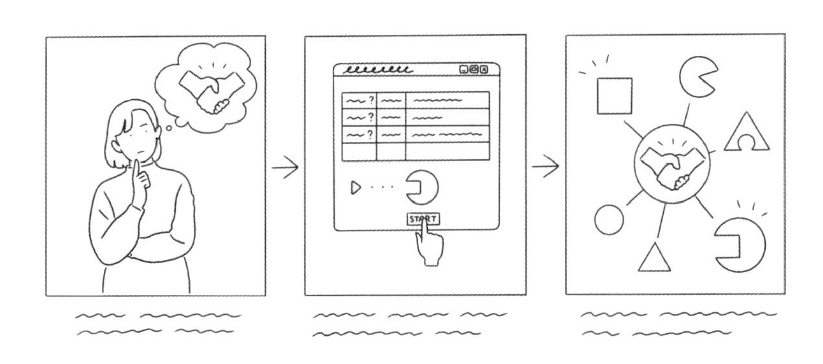

振り返りと課題

ストーリーの中に実現が難しい点がないか、ストーリーが一般的に想定しづらい展開になってないか確認してみましょう。また、作成したストーリーをp.189のアクティングアウトで演じてみることで、上記に容易に気が付くことが可能になります。

05 エクスペリメントをやってみよう

想定人数:	1〜4
想定時間:	1h〜

START

プロダクトやサービスを作る際に、使ってみたい素材がある。

GOAL

使ってみたい素材に対する理解が深まり、新しいアイデアが多く生まれている。

用途と概要

エクスペリメントとは、実験のこと。何らかの素材やテーマを用いて、直感やひらめきを大切にしながら、あらゆる可能性を積極的に試してみるワークです。解くべき問題や仮説が定まっていない初期段階においても有効です。様々な可能性を探索するために、まずは手を動かして作ってみることで、新しいインサイトや未知のニーズなど新たな学びが得られることがあります。

アドバイス

時間や費用をかけてクオリティの高いものを作ろうとするのではなく、できる限り小さく始めることが重要です。また、その際には遊び心を忘れないようにしましょう。出来上がったものは時に馬鹿げたもののように見えるかもしれませんが、素材に慣れ親しみ、新たな学びを得られる機会として前向きに捉え、アイデアを洗練させていきましょう。

手順

1　素材やテーマを決めます

— 素材を先に決める場合
電子部品(センサーやアクチュエーターなど)、API、ソフトウェアのライブラリ、おもちゃ、楽器など、「これを使って(改造して)何かを作ったら面白そう」という材料を決定します。

— テーマを先に決める場合
料理、スポーツ、買い物など、どのようなシーンを選択しても構いません。そのシーンをイメージしながら「こんなものがあったら役に立つかも」という切り口でテーマを用意します。

2　新しいアイデアを考えます

素材を先に決めた場合、それをいつどう使うと面白そうか考えてみましょう。テーマを先に決めた場合は、そのシーンでどんなものがあると面白いかを考え素材をイメージしてみましょう。ここではあまり時間をかけて吟味するのではなく、いくつかのアイデアが生まれたら、検討しすぎずに素早く次のステップに進みます。

3　実際に素材を入手し作ってみましょう

考えたアイデアをクイックに形にしてみましょう。この時もあまり作り込まずに、まずは小さく最低限のものを作ることが重要です。

4　体験してみましょう

形にしたアイデアを体験してみましょう。

5　体験から学んだことを整理してみましょう

体験からどのような学びを得られたか、どんな気持ちになったか、どんな発展の方向性があり得るかなどを書き出して、整理してみましょう。

6　改善してみましょう

整理したデータをもとに、作ったものを改善していきます。素材を変える必要が生じることもあるでしょう。

振り返りと課題

手を動かしたことは、アイデアにどんな影響を与えましたか？エクスペリメントの一連の流れから、あるいは考えるより先に手を動かして作ることによって、どのような学びがあったでしょうか。考えてから作る時と比べて、どのような違いがあるかを話し合ってみましょう。

06 Anti-Solutionsからの改善をやってみよう

想定人数：　2〜4

想定時間：　30min〜

START

解くべき問題がある程度定まっているが、議論が行き詰まっている。

GOAL

問題に対する新しいインサイトと、解決策のアイデアが得られている。

用途と概要

問題解決のプロセスでは、チームが固定観念に縛られず幅広い視野で問題を捉え直すことが重要です。議論に行き詰まった時、あえて適切でないアイデアや解決策をまず考え、それを分析することによってプロダクトやサービスが本来満たすべき要件を明らかにすることで、より良いソリューションにつながるアイデアやインサイトを得ることができます。

アドバイス

プロジェクトの初期段階で解くべき問題がそもそも定まっていなかったり、曖昧な状況では特に、Anti-Solutionsを活用することによって問題の本質やユーザーのニーズや要望を深く掘り下げることができます。適切なソリューションが満たす要件を多く出しすぎると、逆にアイデアが出なくなってしまうこともあるので、要件に優先順位をつけるのもよいでしょう。

手順

1　解決すべき問題を定めます

例えば「新しくオープンするカフェのコンセプトを考える」といった仮の問題を据えたり、すでに作成したHMWを利用してもよいでしょう。

2　問題に対する愚策を考えます

明らかに適切でないと思われる解決策のアイデアを出しましょう。どんなコンセプトのカフェだったら、明らかに適切ではないでしょうか。HMWに対するソリューションとして最悪なものを考えてみましょう。

愚策の例

— メニューはガチャのみ：
席に座るとランダムで注文が選ばれる
— 暗闇カフェ：
店内が完全な暗闇で、コーヒーや紅茶の味覚だけに集中させる
— 爆音カフェ：
店内では顧客同士の会話ができない程度に常に爆音で音楽が流れている
— 深夜営業のみ：
夜23時から朝6時まで営業する
— ロボットカフェ：
店員が一切おらず、ロボットが店舗運営にまつわるすべてを行う
— 低価格カフェ：
コンビニコーヒーより安い1杯100円以下の価格設定とする

3　愚策を分析し、問題点を洗い出します

前項で生まれたアイデアは、なぜ適切ではないのでしょうか。本当に愚策でしょうか？ 費用面、技術的難易度、ユーザーにとっての価値、競合との関係性など様々な面から考えてみましょう。

4　理想的なソリューションの要件を抽出します

なぜこのアイデアが適切ではないのか？から逆算して、一体どのような条件を満たせば良いアイデアといえるのかを考えてみましょう。

5　解決策のアイデアを出してみましょう

抽出した満たすべき要件を考慮しながら、新しいアイデアを考えてみましょう。

振り返りと課題

最終的に出てきたアイデアは、良いアイデアと呼べるものでしょうか？ もしそうであるならば、なぜ適切でないアイデアを起点に良いアイデアを出すことができたのか考えてみましょう。

2-4

アイデア検証ワーク

アイデアやコンセプトを社会に送り出す前には、検証が必要です。リサーチ結果を関係者に伝えるストーリーテリングの前に行うケースもあれば、後に行うケースもあります。検証はプロダクトやサービスの価値を高めるために必要なプロセスです。

ダイジェスト　仮説検証のためのプロトタイピング
01　仮説検証戦略を作ろう
02　ユーザビリティテストをやってみよう
03　アクティングアウトをしてみよう
04　紙とペンでプロトタイピングをしてみよう
05　ビデオでラピッドエクスペリエンス
プロトタイピングに挑戦しよう

ワークをはじめる前に：

ダイジェスト　仮説検証のためのプロトタイピング

プロトタイピングとは何か

デザインリサーチには、可能性を広げるため、つまり仮説を構築するためのリサーチと、不確実性を削るため、つまり仮説を検証するためのリサーチがある。新しいプロダクトのアイデアを作る行為は、「このようなプロダクトがあればユーザーは喜んでくれるだろう」といった仮説を構築するためのリサーチだが、プロダクトを世の中に出す際には、そこで構築した仮説を検証し、そのプロダクトに、あるいはそのプロダクトのためのアイデアに、妥当性があるか否かを検証する必要がある。

この仮説検証のためのリサーチを、本書ではプロトタイピングと呼ぶ。まず、現在のプロダクト開発において「プロトタイピング」はとても広い意味の言葉であるため、一度この言葉について整理したい。

プロトタイピングとは、どのようなシーンで使用される言葉だろうか。

スタートアップ、あるいは大企業が何らかのプロダクトを作ろうとした場合に、“とりあえずで試しに作ってみる”ケースが往々にしてある。オフィスに転がっている部品を集めて組み立ててみることもあるかもしれないし、もう少し予算があるなら外部の業者に試作品を発注することもあるだろう。こうして作られたものはおそらくプロトタイプと呼ばれ、この行為をプロトタイピングと捉えることに違和感はないはずだ。

あるいは何らかの技術、例えば画像認識アルゴリズムを持っている企業が、その技術を活用したプロダクトを構想し、それが実際に可能であるか、どの程度使い物になるかを検証するためにシステムを開発する場合がある。特に、人工知能とカテゴライズされるようなアルゴリズムの場合、実際の環境においてどの程度の精度が出るかは作ってみないとわからないケースが珍しくない。その結果、何らかの目的を達成できるかどうかを確認する。これはPoC（Proof of Concept）と呼ばれることもあるが、これもひとつのプロトタイプであり、この行為をプロトタイピングと呼んでも差し支えないだろう。

他の事例として、事業開発の代表的な手法のひとつであるリーンスタートアップについて考えてみる。リーンスタートアップとは、コストをかけずに最低限の機能を持った試作品を短期間で作り、顧客の反応を的確に取得して、顧客がより満足できる製品・サービスを開発していく手法のことである。リーンスタートアッププロセスでは、最低限の機能を持った試作品のことをMVP（Minimal Viable Product）と呼ぶが、このMVPのことをプロトタイプと説明しても、大きな混乱はないはずだ。

プロトタイピングの目的

プロトタイプ、プロトタイピングと呼ばれるいくつかのケースについて挙げたが、プロトタイプを作ること、あるいはプロトタイピングをする狙いについて整理してみると、大きくは次の3パターンに分類される。

1. そのプロダクトがユーザーにとって価値があるかを検証する
2. そのプロダクトが実現可能かを検証する
3. そのプロダクトが持続可能かを検証する

つまり、プロトタイピングとは何らかの仮説を検証することであるといえる。何らかの仮説とは、上記の通り「このプロダクトはユーザーにとって価値がある」「このプロダクトは技術的に実現可能である」「このプロダクトはビジネス的に成立する」のようなものであり、これら仮説を検証することこそがプロトタイピングなのである。それぞれもう少し具体的に解説していく。

そのプロダクトがユーザーにとって価値があるかを検証する

プロトタイピングの目的のひとつは、検討中のプロダクトに価値があるかどうかを検証することである。例えば「友人と旅行に行った時に自分のカメラと友人のカメラで、それぞれどのような被写体を撮影しているかをリアルタイムで共有できるカメラ」というアイデアがあったとして、それがユーザーにとってどの程度の価値があるのかを検証する必要があるだろう。アイデアとしては新しいかもしれないが、ユーザーが使いたいと思わないようなアイデアも多く存在する。そのアイデアをプロダクトとしてしっかり作り込む前に、それが本当にユーザーに喜ばれるものなのかどうか検証する。そして結果が想定と異なるようであればアイデアを再検討する必要があるだろう。

あるいは、そのアイデアがユーザーに受け入れられるかどうか（つまり0か100か）ではなく、どの程度の処理速度や処理精度があればユーザーにとって価値があるかを検証する必要もある。どのような仕様であればユーザーに適切な価値を提供できるだろうか。このような検証を実施するのも、プロトタイピングにおけるひとつの目的といえる。

そのプロダクトが実現可能かを検証する

プロトタイピングのもうひとつの目的は、プロダクトの実現可能性を検証することである。実現可能性とは、技術的にそれが実現可能であるかということもそうであろうし、法律や国際的なルールや慣習に則った形でプロダクトを提供可能であるかということも含まれる。プロダクトを検討する上で、何らかのプラットフォーム、技術などを利用する場合は様々な制約が存在し、それら制約の中でプロダクトを実現しなければならない。例えばAppleのiPhoneやGoogleのAndroidスマートフォンにはあらゆる分野のあらゆる種類のアプリケーションが登場しているが、これらプラットフォーム上でアプリケーションを提供するためには様々な制約をクリアする必要がある。例えばスマートフォンにはカメラやGPSといったハードウェアデバイスが搭載されており、アプリケーションはOSが用意したAPIを利用することでそれらハードウェアにアクセスして、写真を撮影したり位置情報を取得したりしているが、その利用には様々な制限がある。そのためアプリケーションから呼び出せるAPIの種類と、それらを使用することで構想しているプロダクトが実現可能であるかは事前に検証すべきであろう。仮に自然言語処理技術によって人と会話できるロボットを実現したいのであれば、そもそも使用を検討しているアルゴリズムで人との会話がどの程度成立するかについて早い段階で検証すべきだ。

そのプロダクトが持続可能かを検証する

プロダクトを世に出す際には、持続可能性について検討しなければならない。持続可能性も様々な解釈が可能な言葉であるが、ひとつはビジネスとして成り立つのかが問われる。つまり、「顧客はプロダクトに対価を支払うのか？」を検証しなければならない。もちろん、「顧客にアクセスすることができるのか？」や「プロダクトを提供するにあたり必要なリソースが確保可能なのか？」といった検証もする必要があるだろう。また、持続可能性について検討する中では、短期的な売上や利益に関する項目だけではなく、そのプロダクトが社会に与える影響に目を配り、長期的な目線での持続可能性について検討しなければならない。国連が推進するSDGsなどは、社会に与える影響を検討する上でひとつの目安となる。

プロトタイピングの狙いを大きく3つに分け、それぞれの項目について説明した。プロトタイピングは領域ごとに様々な意味を持つため、これ以外の意味でプロトタイピングという言葉が使われることもあるはずだが、あえて抽象化するならば「手戻りコストを小さくするための行為」と説明することもできるだろう。しかしながら、少なくともデザインの分野におけるプロトタイピングとは、試作品を作ることや試作品が動作するかどうかを確認することそのものではなく、何らかの仮説を検証することである。

プロトタイピングで検証すべき仮説

前述したようにプロトタイピングは仮説検証プロセスの一環であり、仮説検証を経ながら実際のプロダクト開発プロセスを前に進める。

一般に、プロダクト開発の現場には、数多くの仮説が存在する。仮説とは言い換えれば不確実性のことでもある。プロダクト開発を前に進め、プロダクトを成功に導くためには、不確実性とうまく付き合い、不確実性をコントロールしていくことが重要である。プロトタイピングがプロダクト開発プロセスの中に取り入れられているのは、このような理由からである。

もちろんプロダクトの性質やプロジェクトの状況、企業の文化など様々な要素によって開発プロセスに多少の違いはあるだろう。プロトタイピングのために開発したプロダクトをブラッシュアップしてそのまま製品化を目指すケースもあれば、コードの流用などをせずにフルスクラッチで作り直すケースもある。ハードウェア製品であれば、量産設計と呼ばれるフェーズが存在し、量産のための設計が行われることもある。一方ソフトウェア製品の場合は、セキュリティやSLA（Service Level Agreement）といった信頼性確保のための施策を実装することはあるかもしれないが、明確な量産設計フェーズが存在しない場合も多い。また、前述したリーンスタートアップ型プロダクトデザインの場合、プロダクトの検証を進めながらプロダクト開発を実施するため、プロトタイピングそのものがプロダクト開発プロセスでもある。

プロダクト開発プロセスの中におけるプロトタイピングの位置づけはこのように様々存在するが、どのようなケースであってもプロトタイピングを実施する際には何らかの仮説が存在する。仮説を持たずに手を動かしても、それはあまり意味がないものになるだろう。自分たちが取り組んでいるプロジェクトを見た時に、現時点で検証されていない箇所はどこであるかを捉え、それをどのようにすれば検証できるか検討した上で、プロトタイピングに取り組むことが大切だ。

プロトタイピングとは、何らかの目的がある場合に、その目的に到達するための仮説を検証することによって不確実性を排除し、プロダクトを成功に近づけるためのプロセスである。よって「アイデアがあるから、とりあえずプロトタイプを作ってみる」ではなく、そもそも自分たちが何を確認したいのかを確認してからプロトタイピングに取り組んでほしい。

仮説マッピング

ここまでプロトタイピングの概要について解説し、プロトタイピングとは仮説検証プロセスであり、不確実性を小さくしていく行為であると述べた。では、仮説とはいったいどのようなものだろうか。多くの場合、初期に作ったコンセプトは不確実性の塊であり、どこから手を付けてよいか悩ましいところであろう。どこから手を付けるべきかの答えは、「コンセプト全体に対する影響が大きい部分」であるが、そうはいっても様々な面から評価することができる。

私たちは、特定の要素について、その影響がどの程度かの評価を下すことは苦手であるが、複数の要素が目の前にある時、それらを比較してどちらが不確実性が高いか、あるいはどちらが重要であるかについて判断を下すことは比較的自信を持ってできるはずだ。そこで、本書では仮説マッピングという手法を使って、どの部分から仮説を検証してくか、決定する方法について紹介したい。

仮説マッピングとは、仮説と事実を見極めてマッピングしていくワークである。

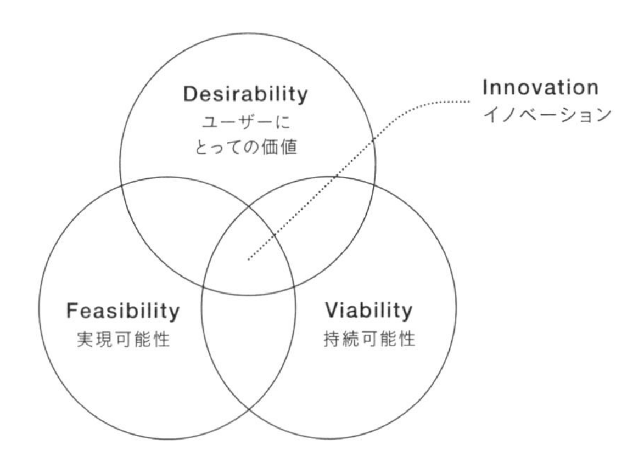

図2-4-1

プロトタイピングで検証すべき仮説はそれぞれ、Desirability、Feasibility、Viabilityと捉えることもできる。プロダクトを成功させるためには、図2-4-1のようにこれら3つの要素が重なっていることが重要であるといわれている。言い換えれば、良いプロダクトとは、ユーザーのニーズと、実現可能性、それからビジネス的な価値がバランシングしている状態である。そこで、それぞれの項目を図2-4-2のように分解し、どの程度の不確実性があるか、また重要であるかを比較しながら優先順位をつけていくのである。

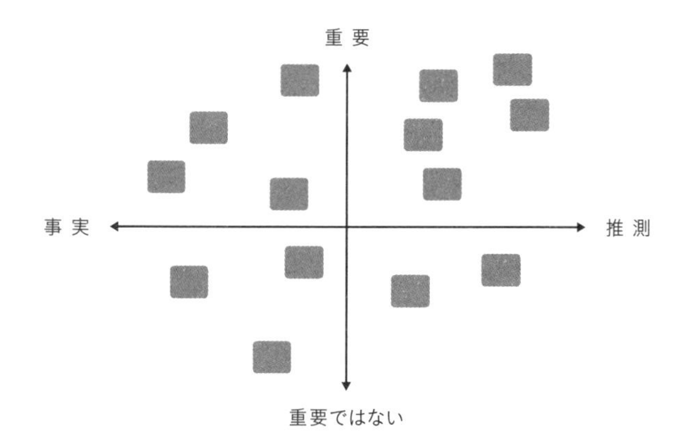

図2-4-2

それぞれの項目について分解する方法としては様々な手段があるが、質問事項を準備してマッピングに取り組むとよいだろう。

プロダクトの性質によって質問の項目は変わるが、例えば、ユーザーにとっての価値に関する質問としては「ユーザーが我々のプロダクトを使う理由は何か？」や「ユーザーは我々のプロダクトの使い方がわかるだろうか？」、実現可能性についての質問としては「プロダクトを実現するにあたり、どのような法律や各種規制に触れるリスクがあるか？」や「プロダクト実現のために、どのようなスキルを持った人がチームに必要だろうか？」、持続可能性に関する質問としては「想定ユーザーへのチャンネルはどのように確保するのか？」「最大の競合は誰か？」などが挙げられる。

こうした質問に答えながらその回答をマッピングしていくと、コンセプトの中には多くの仮説が含まれていることに気が付くだろう。

仮説が多く含まれていることは問題ではない。なぜなら、デザインリサーチは事実を積み重ねてプロダクトを作り上げる方法ではなく、人々の生活からインスピレーションを得てコンセプトを作成し、プロダクトを作るための手法であるからだ。仮説の多さは機会の大きさと捉えてもよい。ここから不確実性、つまり仮説を検証して事実にすることが重要なのである。とはいえ、すべての仮説を事実にすることは不可能である。なぜなら実際にユーザーに受け入れられるかなんて、10人程度への調査では到底証明できるものではないし、調査協力者を100人、あるいは1000人に増やしたところで、信頼性は多少高まるかもしれないが、その調査結果をもとに100万人が数年単位で使用した際のリアクションを推測できるものではない。

なお、この作業にはぜひチームメンバーと一緒に取りかかってほしい。チームメンバーによって、仮説か事実かのポジショニングが異なったり、あるいは重要かどうかの評価が異なる場合がある。例えば、特定のトピックに対してユーザーが課題に感じていることが事実なのか、あるいは仮説の域を出ないかについて意見が分かれたとして、なぜそう思ったのかについて話し合うことは、非常に建設的な行為であるだろう。

さて、ここでマッピングした仮説をどのように検証していけばよいのだろうか。おそらくそれはこれまでのステップで作り上げたプロダクトの性質にもよるし、仮説の種類によっても大きく異なる。例えば技術的に実現可能かどうかについてであれば、専門の技術者や、あるいは有識者に対してヒアリングを実施することが妥当であろう。専門家でも判断に悩む場合は、実際に試作してみるというケースも多々ある。特にAIを活用したシステムなどは、実際に作ってみないとどの程度の精度が出るか専門家でも判断が難しい。

想定しているユーザーインタフェースが、実際にサービスを使用するユーザーにとって適切かどうかについてを検証するためには、やはり実際にユーザーに話を聞きに行くべきだが、その際に口頭で説明するだけでは、判断が難しい場合が多い。そのためペーパープロトタイプなどで作成した簡易的なモックアップをユーザーに見せながら、あるいはそれを模擬的に使用してもらいながら、インタフェースを評価するようなことが考えられるであろう。

プロトタイプのフィデリティ

仮説検証する際に注意するポイントであるが、フィデリティを意識することである。最終的な理想としては、すべての仮説を、事実と呼べるレベルまで持っていくことであるが、仮説を証明することは大変なエネルギーを要する行為である。デザインリサーチにおける基本的な考え方はクイック＆ダーティーであり、早く失敗すること、多く失敗することが重要とされる。

日本ではあまり馴染みのない表現であるが、海外ではプロトタイプの稚拙度を表す言葉としてLow-Fi（ローファイ）、High-Fi（ハイファイ）という表現を使う。FiとはFidelity（フィデリティ）のことであり、実際のプロダクトにどの程度忠実であるかを表している。

UIデザインの例で考えると、Low-Fiプロトタイプといえば、紙に画面遷移やUIコンポーネントを手で描いた、ペーパープロトタイプと呼ばれるようなものを想像するとよいだろう。一方でHi(gh)-Fiプロトタイプとなると、Figmaなどでデザインされたものが近いであろう。

重要なのはいかに早く作って、早く失敗するかである。Low-Fiプロトタイプは、短い時間で作成することができるし、修正が必要になった場合に素早く修正することができる。一方で、Hi-Fiプロトタイプになると作成するのに多くの時間が必要になってしまうし、修正には多くの時間を要する。作成したコンセプトが最初から完璧であるならば、いきなりHi-Fiプロトタイプを作成したほうがトータルで必要な時間は短くなるだろうが、多くの場合そういったケースは当てはまらない。

さて、仮説を検証したあとはどうしたらいいのだろうか。仮説が事実だと判明した場合は、仮説マップで該当する項目を事実に近づけよう。問題は、仮説が間違いだと判明した場合である。これは一切恥じる必要はない。コンセプトに立ち戻り、得られた情報をもとにより良いコンセプトを考えればよいのだ。いずれにしてもプロトタイピングを行うことで新しい事実を発見することができ、不確実性を小さくことができた。プロジェクトが前に進んでいる証拠である。

プロトタイピングの手法

プロトタイピングには、ペーパープロトタイピング、フィジカルプロトタイピング、ビデオプロトタイピング、スケールモデル、スクリーンシミュレーションなど様々な手法がある。代表的な手法を簡単に紹介する。

ペーパープロトタイピング

ペーパープロトタイピングとは、Webサイトやスマートフォンアプリの画面を模したものを手書きすることによって、開発しようとするプロダクトの適切な見た目がどのようなものかを検討する手法である。

この手法の良いところは、低コストで高速にプロトタイピングを行うことが可能なところだ。また、手書きでの作業になるため、熟練者でも綺麗な見た目を作ることが難しいという点がプロジェクトの初期段階では大きなメリットになるであろう。アイデアを形にするハードルが低く、アイデアを形にするためのコストも限りなく低いため、稚拙なアイデアであっても恥ずかしがらずに場に出しやすい。

モックアップ

モックアップとは、動作はしないものの外見は実物に似せて作られたプロトタイプである。フィデリティの概念を前述したが、ペーパープロトタイプよりもう少しフィデリティが高いと表現することもできるだろう。

Webサイトやスマートフォンアプリなどの場合、ペーパープロトタイプよりもう少しプロダクトに近いプロトタイプを指し、Figmaなどのプロトタイピングツールを利用して作成されることが多い。アニメーションなどが含まれる場合は動画制作ツールを使用して作成する場合もある。

デジタルアプリケーションに閉じないプロダクトの場合は、ホームセンターに売っている木材や発泡スチロールなどを利用して実物大の模型を作成することもある。大きなものではコンビニやアパレルや飲食店の店舗、飛行機や電車の内部を実物大で再現し、従業員が適切に業務に従事することができるかどうかを確かめたり、顧客役となる人々を招いて実際の体験をシミュレートすることによってコンセプトを評価する場合もある。

アクティングアウト

アクティングアウトとは寸劇のことである。寸劇というとおままごとのようなものをイメージするかもしれないが、コンセプトを検証するにあたり、これが非常に有効な手法なのである。アクティングアウトを行う際には、ユーザーになったつもりでプロダクトを使用するフリをする。これによってプロダクトとのタッチポイントが想定通りの役割を果たすかを確かめるのだ。

重要なのは、一部のシーンだけを切り取って使用したつもりになるのではなく、最初から最後まで流れとして利用してみることである。つまり、プロダクトを利用するのに10分かかるのであれば、アクティングアウトとしてプロダクトを利用するのにも10分が必要になる。しかしこの時間が重要だ。紙の上や画面の中だけで検討する際には、時間軸は仮に記載されていたとしても、情報として俯瞰する場合がほとんどだろう。

実際に流れる時間軸の中で体験を共有することによって、プロダクトを利用するために必要であるが、検討から抜け落ちていたタッチポイントの存在に気が付くこともあるはずだ。また、目の前で人が実際にプロダクトを利用している様を見ることで、プロダクト改善のための着想を得ることができるかもしれない。

ビデオプロトタイピング

ビデオプロトタイピングは、新しいプロダクトやサービスがどのように提供されるか、それらがどのような状況でどのようなインタラクションを介してエンドユーザーに価値を提供するのかを示す、コンテクストを重視した手法だ。コンテクストというのは、人々がいつ、どこで、何をしている時かということである。ビデオプロトタイピングでは5W1Hを盛り込むことを忘れないようにしよう。

ビデオプロトタイプはプロダクトが置かれる文脈と、プロダクトの価値を短時間で視聴者に伝えることができる。また、他のプロトタイピング手法と異なり、視聴する人々は時間軸に沿って視聴するだけである。(早送りされてしまう可能性はあるが) 伝えたい情報を伝えたい順序で伝えることができる。

例えばペーパープロトタイピングのような手法であると、そのプロトタイプと対峙した人がまずどこに注目するかは予測できない。ホーム画面を見るかもしれないし、あるいはユーザー管理画面に着目するかもしれないし、ショッピングカートを見るかもしれない。検証したい仮説によっては無用なプロセスだ。ビデオプロトタイプではこのような心配は不要である。ビデオを作成するためにはカメラや映像編集ツールなどが必要になってしまうが、コンセプトを伝える非常にパワフルなプロトタイピング手法といえる。プロトタイピング実施時には選択肢のひとつとしてぜひ検討してもらいたい。

01　仮説検証戦略を作ろう

想定人数:　2〜4

想定時間:　1h〜

START

プロダクトやサービスの構想ができているが、仮説が多く含まれている状態。

GOAL

構想の中から仮説を洗い出し、今後解決すべき問題が抽出されている。

プロダクトやサービスの開発においては、常にその構想に様々な仮説が含まれています。仮説とは予測や推測であり、これを精査し検証していくことによってプロダクトやサービスの方向性を決定し、不確実性(リスク)を削減することが可能になります。まずは仮説検証の戦略を練りましょう。

仮説には、ユーザーにとっての価値に関するもの、プロダクトやサービスの実現可能性に関するもの、ビジネス的な観点に関するものが存在します。チームメンバーと仮説の洗い出しに取り組むと、メンバーによって仮説と事実の認識が異なる場合もあります。認識の擦り合わせもワークの中で実施してみましょう。

手順

1　仮説を洗い出します

プロダクトやサービスのコンセプトの中にどのような仮説が含まれているかを書き出します。

2　検証したい仮説を選択します

この時、プロダクトやサービスの方向性に与える影響が大きいものから順に選びます。影響の大きさと仮説の確実性を軸とした2×2のマトリックスを使ってそれぞれの仮説をマッピングしていき、優先順位を定めてもよいでしょう。

3　検証方法を決定します

専門家に相談する、ユーザーやステークホルダーに話を聞く、定量調査を実施するなど仮説によって有効な検証方法が異なります。適切な方法を選択しましょう。

4　検証のための計画を作ります

どの仮説からどのような順番で検証していくか、またそれぞれの仮説を正しいと判断できる結果は何かを検討します。複数の仮説を同時に検証できる方法もあるかもしれません。

振り返りと課題

検証すべき課題と、その順序は明らかになりましたか？ 実際の検証に取り組む前に、どのような結果が得られたら仮説が正しいといえるか、あるいは正しくないといえるかをメンバーと話し合っておきましょう。これを怠ると、都合良く結果を解釈することが可能になってしまいます。

02　ユーザビリティテストをやってみよう

想定人数：	1〜2
想定時間：	2h〜

START

プロダクトやサービスの構想を基に、プロトタイプができている状態。

GOAL

プロトタイプでタスクを検証・評価し、今後解決すべき問題が抽出されている。

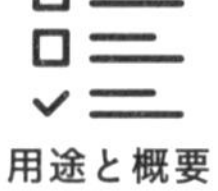

用途と概要

ユーザビリティテストは、プロダクトやサービスのユーザビリティを評価する方法です。実際の利用者を対象に行い、プロトタイプや実際の製品を用いて、操作性や目的達成への道筋（タスク）を検証することで、デザインの良し悪しを評価します。ここで得られた情報を用いて、プロダクトやサービスを改善しましょう。

アドバイス

ユーザーは一人ひとり異なる経験や考え方を持っています。その一人ひとりを理解した上でユーザビリティテストに取り組むことで、より深い洞察を得ることができるでしょう。ユーザビリティテストを実施する際には、その人のことを理解するインタビューにも合わせて取り組んでみましょう。

手順

1　どの部分を検証するかを明確にします

一度のユーザビリティテストでプロダクトやサービスの全体を評価することは困難です。何を検証したいのかを明確にしましょう。例えば、新しく変更を加えた箇所や、コンバージョン率や離脱率が期待通りでない箇所、プロダクトのKPIに寄与する部分などを選択することが考えられます。

2　検証すべきタスクを設定します

プロダクトやサービスのユーザビリティを評価する際には、タスクごとに評価を行います。例えば、会員登録や、商品検索からの購入などがタスクとして設定されます。

3　被験者を定め、リクルーティングします

プロダクトやサービスを利用するユーザーの中で、どのような人にとってのユーザビリティを検証したいかを定め、適切な人を探しましょう。**2**と**3**は前後する場合もあります。

4　テスト環境を検討します

ユーザビリティテストは対面で実施するほか、オンラインで実施することも可能な場合があります。一方で、実際の利用環境に即したテストの実施が望ましい場合もあります。例えば、小売店における在庫棚卸し支援システムのユーザビリティを会議室でテストするのは難しいでしょう。

5　被験者にタスクに取り組んでもらいます

被験者に対してタスクを与え、実際に操作をしてもらいます。操作中の様子は背後から動画で撮影したり、画面をキャプチャしてあとから振り返れるようにしましょう。

6　被験者と一緒に振り返ります

タスク終了後、操作内容を振り返り、ユーザビリティ上の課題を探しましょう。

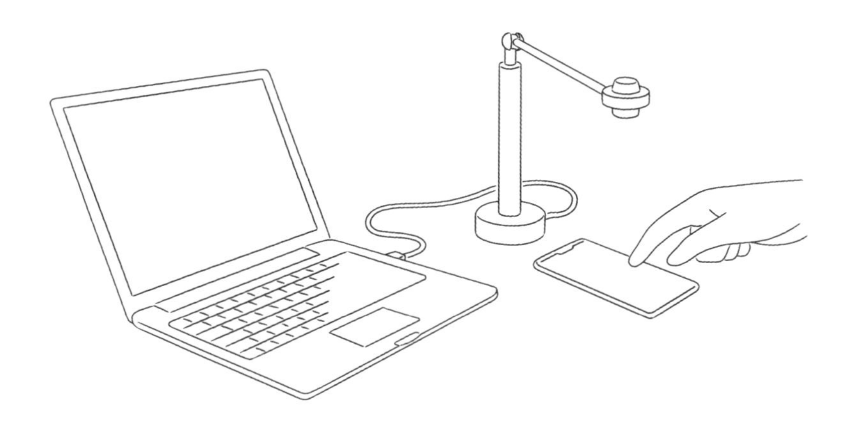

振り返りと課題

ユーザビリティテストを踏まえて、プロダクトやサービスを改善するためのヒントは見つかりましたか？ ユーザビリティ上の課題が見つかるのは、プロダクトやサービスをデザインする上で早ければ早いほどよいですが、それでも早すぎるとデザインが抽象的で定まっておらず、有効な検証ができない場合があります。プロジェクトごとに最適なタイミングを探ってみましょう。

03　アクティングアウトをしてみよう

想定人数：　2〜4

想定時間：　30min〜

START

プロダクトやサービスのアイデアがあり、ユーザー体験をまだなぞっていない状態。

GOAL

演じることでユーザー体験を体現し、プロダクトやサービスを実現する上での矛盾や課題が抽出されている。

用途と概要

サービスやプロダクトのアイデアをクイックに体験するために、アクティングアウトを行います。これは参加者が実際の利用者の視点を体現し、プロダクトやサービスのユーザー体験を模倣するワークショップです。具体的なシナリオの下で起こり得るインタラクションを探求し、デザインの改善点を見つけるのに役立ちます。

アドバイス

プロトタイプでなくても簡単な道具や身の回りの物を使って、サービスのリアリティを高めるとよいでしょう。可能であれば動画で撮影しておくと、後の振り返りが容易になります。また、演じながら感じたこと、考えていることを声に出してみるのもよい方法です。

手 順

1　検証したいコンセプトを設定します

例えば、以下のような具体的なコンセプトが望ましいです。

— 顧客の好みに合わせて1/4ずつ好きな具材を選べるピザ屋でピザをオーダーする際のやりとり
— 友人との旅行の計画をするための新しいモバイルアプリの使用体験。コミュニケーション、候補出し、意思決定、予約などがアプリの中で完結する
— スマートキッチンにおいて、調理をする一連の体験の操作。冷蔵庫の中にある材料からレシピ候補を提案し、調理時の手順を提示するシステム
— モバイルアプリを使って目的地までの最適なルートを探し、バスのチケットを購入して、乗り換えをする体験

2　目的を設定します

例えば、以下のような目的が考えられます。

— 実際にプロダクトやサービスを使用しているユーザーの体験を模倣し、デザインのための洞察を得る。ユーザーのニーズや感情を理解する
— 新しい製品やサービスのアイデアを早い段階で表現し、コンセプトに齟齬が無いかを確認したり、改善ポイントを見つける
— プロダクトやサービスとのインタラクションを模擬し、使い勝手や流れを確認する
— ストーリーを通してコンセプトを聴衆に伝える

3　表現する部分を定めます

例えば「全体」「利用する前」「利用時」「利用後」など、コンセプト全体の中で、どの部分に焦点を当てて表現するかを検討します。

4　小道具や環境を準備します

コンセプトを表現するために必要な小道具や環境を検討します。プロトタイプを作ることもあるでしょう。屋外や特定の環境で実施することが理想的なケースも考えられます。

5　参加者を選定します

コンセプトを表現するために必要なアクター（演じる人）を定めます。サービス提供者と利用者側に分かれ、また人数に余裕があればオブザーバー（観察者）の役割も定めておきましょう。

6　アクティングアウトを行います

サービス提供者側は利用者の動きに応じてサービスを提供し、利用者側はユーザー体験を演じます。オブザーバーは、演じられる内容について注意深く観察しましょう。この時独り言を漏らしたり、起こり得るアドリブを入れても構いません。

振り返りと課題

参加者全員で、演じながら感じたことや気付いた点を共有します。その上でコンセプトの中で良い点、改善すべき点はどこにあるのか、また付け加えるべきアイデアがないかを検討しましょう。必要に応じて何度でも演じ直すことがポイントです。

04 紙とペンでプロトタイピングをしてみよう

想定人数：　2〜4

想定時間：　1h〜

START

プロトタイピングを経験したことがない、またはUIのデザインをあまり経験したことがない。

GOAL

プロトタイピングをクイックに体験し、素早く形にして改善する価値を実感している。

用途と概要

プロトタイピングには様々な形態がありますが、時間をかけずにまずは形にして改善していくことが重要です。昨今ではデジタルによるプロトタイピングツールも多く存在していますが、ツールの操作方法の学習に時間が必要であったり、そもそもの速度などの観点から、誰もが素早く形にするという点では紙とペンに勝るものはありません。ここでは、紙とペンを使ってスマホアプリのUI（ユーザーインターフェース）についての簡単なプロトタイピングを体験してみましょう。

アドバイス

「Fail fast, fail often」という言葉が示す通り、プロトタイピングに取り組む中では、失敗を早く、たくさんすることが重要です。仮に作ったものがうまくいかなかったとしても、失敗したら「うまくいかない方法を短時間でひとつ見つけられた」と喜びましょう。また、紙とペンでプロトタイピングに取り組む際には「紙がもったいない」と思うかもしれませんが、あえて消しゴムを使わずに前に進むペンだけを使ってとにかく数を出してみましょう。

手順

1　紙とペンを用意します

紙はコピー用紙など入手しやすいものを、多めに用意しておきましょう。

2　デザインするスマホアプリのお題を決めます

お題の例　本体に一切のボタンがない新型洗濯機を操作するスマホアプリをデザインしてみましょう

— 洗濯機の機能は次の通りです：
「洗い」「すすぎ」「脱水」「乾燥」「予約」
※「予約」は、洗濯機の起動または終了時間を設定する機能とします
— 洗濯モードには次の選択肢があります：
「標準」「スピード」「毛布」「ドライ」
— 洗濯機の扉もアプリから操作して開くものとします
— ここで示されていない機能や仕様は、各自設定して構いません

3　15分程度の時間でデザインします

紙とペンを使って、お題に沿ったアプリの画面を描いてみます。時間に余裕があればいくつかのパターンを出してみましょう。

4　2人一組になってデザインを検証します

作成したGUI（グラフィカルユーザーインターフェース）が有効か、検証してみましょう。

— 画面上に描かれたものが何を意味しているかわかるか聞いてみましょう
— 「明日の午前9時に洗濯を終わらせる（9時くらいから洗濯物を干したい）」という状況を仮定して、GUIを操作してもらいましょう

紙のUIを操作してもらう時には、操作依頼者が適時サポートすることが必要です。画面遷移が発生した際はその旨を伝えたり、操作中の紙の上から別の紙を重ねるなどするとよいでしょう。要素の選択など画面の一部だけに変化がある場合は、要

素のサイズに切った状態違いの紙を用意しておき、ユーザーの操作に従って差し替えるなどすると操作のイメージが容易になります。

5　検証のための計画を作ります

検証結果をもとに、作成したプロトタイプを改善してみましょう

振り返りと課題

短時間かつシンプルな道具でプロトタイピングをするコツが掴めたでしょうか？ お題を変えて何度か取り組んでみるとよいでしょう。また、短時間で作成したプロトタイプを他の人に見せて改善していくプロセスは、時間をかけて完成度を高めた上で他の人に見せて改善していくプロセスとどのように異なるか、話し合ってみましょう。

05 ビデオでラピッドエクスペリエンスプロトタイピングに挑戦しよう

想定人数：　3〜4

想定時間：　2h〜

START

プロダクトやサービスのコンセプトはできている状態。

GOAL

プロダクトやサービスを実現する上で、矛盾や課題が抽出されている。

用途と概要

ビデオプロトタイピングは、プロダクトやサービスがどんな見た目でどんな機能を持っているか？と、それをどんな時に、どんな場所で、どんな人が、どんな風に使うのか？をパッケージングしたものです。これにより、新しいプロダクトやサービスがどのように動作して、どのようにユーザーに価値提供するのかを表現することができます。特に動画の形式で表現することによって、ステークホルダーや顧客に動画を共有し、アイデアをクイックに伝えることが可能になります。また、動画で撮影してみることで、後の振り返りを容易にします。

アドバイス

動画にするからといって、最初からクオリティ高いものを作る必要はありません。最初はラフなものを短時間で作ることを心がけましょう。例えば半日で作ると決めて、半日で作れるものを作るアプローチもよいでしょう。簡単な道具を使って、サービスのリアリティを高めるのもよいでしょう。周りのフィードバックを見ながらアイデアをブラッシュアップし、徐々にクオリティを上げていくのがおすすめです。

手順

1　アイデアを表現する絵コンテを描きます

絵コンテには、各シーン、どのような場所にどのような物が必要で、どのような人物が登場し、彼らがどのような行動をし、どのような台詞を喋るかを書き出します。

2　コンテに沿って必要なシーンを撮影をします

シーンごとに撮影していきます。実際には表現できないことも、カットや撮影の工夫によって、聴衆に伝えられる場合があります。可能であれば、あとでセレクトする前提で、各シーンにつき最低3回程度撮影しておくとよいでしょう。

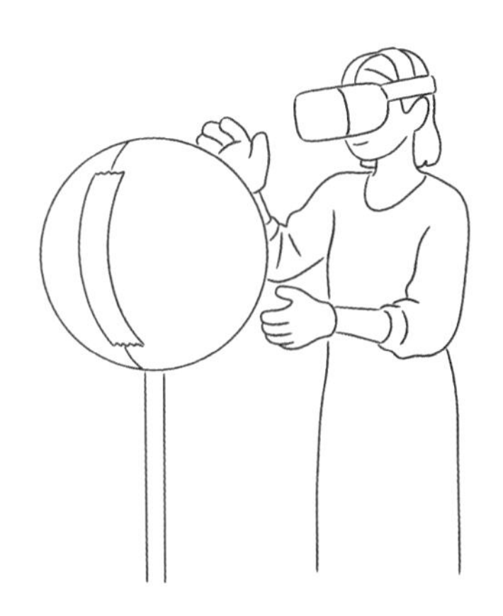

3　撮影した素材を編集します

撮影したシーンを使い、絵コンテに沿って編集していきます。

4　動画を共有し、ブラッシュアップします

編集した動画をチーム内やステークホルダー、顧客などに共有してフィードバックを集めましょう。フィードバックをもとに改善し、徐々にクオリティを上げていきます。

振り返りと課題

作成した動画は、自分たちのアイデアを十分に表現できているものとなっているでしょうか。また、実現できる予感をもたらしたでしょうか？ 絵コンテ作成から撮影、編集までのプロセスを振り返って、改善できるポイントがないか話し合ってみましょう。

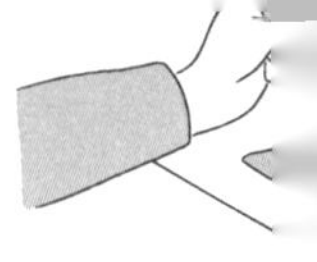

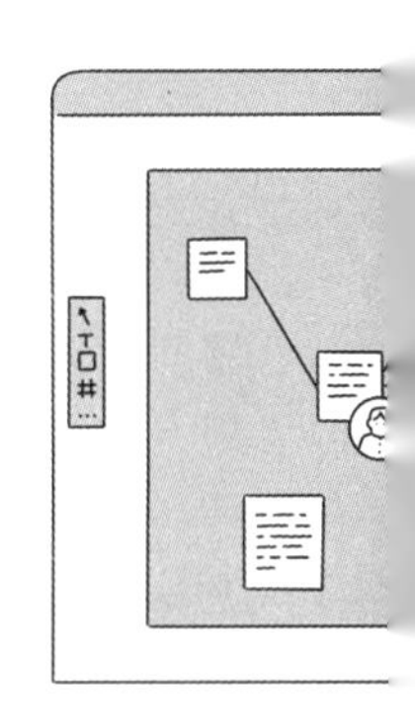

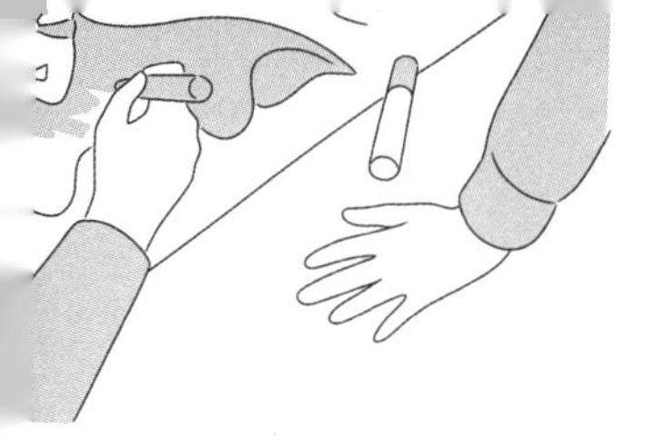

3 エクササイズ

デザインリサーチの一連のプロセスをクイックに体験できるエクササイズです。インタビューからコンセプト作成まで、一つのテーマを設け順を追って取り組むことで、大きなプロジェクトに臨む自信をつけましょう。

01 パートナーの好きなものを訴求するためのポスターを作ってみよう

想定人数： 2

想定時間： 2h〜

START

インタビューからコンセプト作成までの一連の流れを体験したい。

GOAL

インタビューからコンセプト作成までの一連の流れをクイックに体験したことにより、大きなプロジェクトに臨む自信がついている。

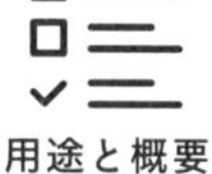

用途と概要

インタビュー対象者が特定のテーマに対してどのような感情、接点を持ち、その人の中でどのような意味を持っているかを理解することはインタビューの基本スキルといっても過言ではありません。このエクササイズでは、相手の好きなものについて話を聞き、深く掘り下げること、またインタビューをして得られた情報を解釈してアウトプットを作ることを体験します。

アドバイス

インタビュイーが自分の好きなものについて自由に話をできるような環境を作りましょう。インタビューを実施する際にいきなり本題に入るのではなく、その場を盛り上げる雑談などのアイスブレイクを行うことで、緊張を和らげることができます。また、ペアでフィードバックを提供する時は良い点を強調し、改善のための提案をするなど、ポジティブな内容を心がけましょう。

手 順

1　2人1組になります

1人はインタビュアー（聞き手）、もう1人はインタビュイー（話し手）となります。

2　テーマを決定します

ペアで協議して扱うテーマを決定します。相手の好きなもの（映画、漫画、本、音楽など）の中からひとつ選びましょう。好きなものが複数ある場合は、インタビュアーもある程度知っているものを選択するとよいでしょう。インタビュアーがその対象についてあまり知らない場合は、事前にデスクリサーチをしても構いません。

3　なぜそれが好きかをインタビューします

インタビュアーはテーマについての詳細を質問していきます。なぜそれが好きなのか、どのような点に魅力を感じるのか、どのようなきっかけで好きになったのか。自由に掘り下げていきましょう。

4　インタビュー結果を整理します

インタビュー終了後、テーマに対する情報やその魅力のポイントなど、収集した情報を整理します。

5　魅力を訴求するポスターを作成します

整理したインタビュー結果を参考にしながら、テーマの魅力を訴求するキャッチフレーズを考案し、ポスターを作成します。これはパートナーの好きなものを他の人にも理解してもらい、興味を持ってもらうためのツールとして作るものです。

振り返りと課題

各ペアで作成したキャッチフレーズやポスターを、他のチームのメンバーに対してプレゼンテーションしてみましょう。また、インタビュイーは、自分の好きなものがどのように理解され、再構築されているかを確認し、インタビュアーに対してその理解度や解釈に対してフィードバックを行いましょう。

02 パートナーの念能力や超能力をデザインしよう

想定人数: 2

想定時間: 2h〜

START

インタビューからコンセプト作成までの一連の流れを体験したい。

GOAL

インタビューからコンセプト作成までの一連の流れをクイックに体験したことにより、大きなプロジェクトに臨む自信がついている。

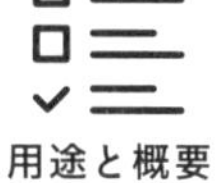

用途と概要

インタビュー対象者がどのような経験をしてきて、どのような生活をしているかを知ることは、相手を理解する上で非常に重要です。このエクササイズでは、相手のこれまでの経験や、現在の仕事、生活、趣味、あるいは将来のことなどについて話を聞くことで、相手がもし超能力に目覚めたらどんな力があり得るか？を考え提案するポスターを作成します。

アドバイス

個人的な経験について話をしてもらうことは、相手のプライベートな情報に触れる可能性があり、p.200で紹介した相手の好きなものについて話をしてもらうことよりもハードルが高い場合があります。丁寧にコミュニケーションを取って、信頼関係を作った上で取り組みましょう。また、このエクササイズは新しいプロジェクトや、クラスでのチームビルディング、アイスブレイクとしても活用できるはずです。最終的なアウトプットは必ずしもポスターである必要はありません。

手順

1　2人1組になります

1人はインタビュアー（聞き手）、もう1人はインタビュイー（話し手）となります。

2　インタビュアーが様々な質問を投げかけます

生い立ち、これまでの経験、キャリア、現在の仕事や生活スタイル、今後やってみたいことなどについて聞いてみましょう。また、インタビュイーが物事を嬉しいと思うポイントや、目指している社会人像についてもヒントを得られるとよいでしょう。

3　様々なリサーチを組み合わせます

インタビュー以外のリサーチ手法も取り入れてみましょう。質問を投げかけるだけでなく、インタビュイーの家を訪問させてもらったり、重要な場所を案内してもらったり、仕事や趣味、生活の様子を観察するのもよいでしょう。

4　リサーチの結果を整理します

リサーチ結果のまとめにも、やってみたいプロセスを取り込みます。ダウンロード、テーマ作成、インサイト作成、HMW作成を経てアイディエーションをしてもよいでしょう。

5　新たな力を訴求するポスターを作成します

整理したリサーチ結果を参考にしながら、相手が覚醒するとしたらどんな力（念能力・超能力）があり得るかを考えて、ポスターをデザインしてみましょう。これはパートナーの可能性を他の人にも理解してもらい、興味を持ってもらうためのツールとして作るものです。ポスターの形式にこだわる必要はありません。ツールのブラッシュアップにはインタビュイーにも参加してもらい、ペアとして魅力的なプレゼンが行える状態を目指します。

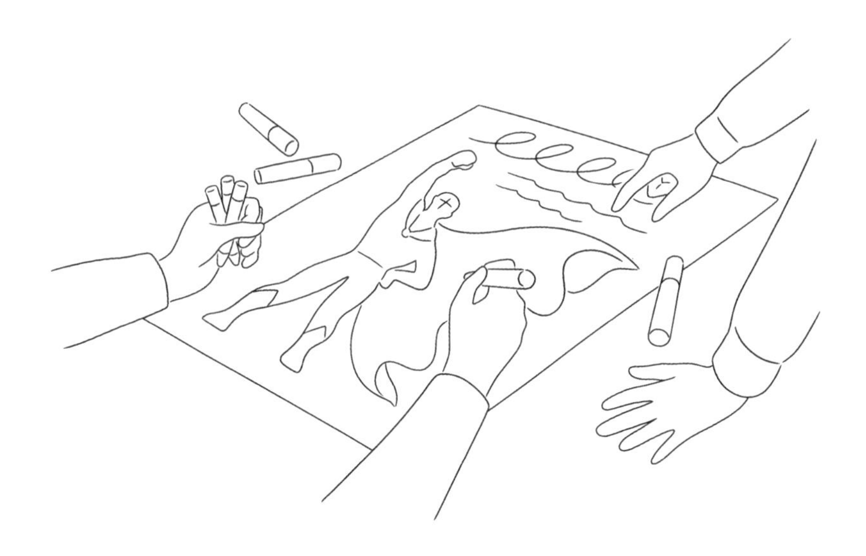

振り返りと課題

各ペアで作成したポスターを他のメンバーにプレゼンテーションしてみましょう。また、インタビュイーは自分のことがどのように理解され、再構築されているかを確認し、インタビュアーの理解度や解釈に対してフィードバックを行いましょう。インタビュアーの考えた能力は、本人の琴線に触れるものだったでしょうか？ また周りの反応はどうだったでしょうか？

03　パートナーの日常を理解し改善を提案してみよう

想定人数：　2

想定時間：　2h～

START

インタビューからコンセプト作成までの一連の流れを体験したい。

GOAL

インタビューからコンセプト作成までの一連の流れをクイックに体験したことにより、大きなプロジェクトに臨む自信がついている。

用途と概要

p.72の「日課について聞いてみよう」では日常の特定の部分に絞ってインタビューを実施しましたが、本エクササイズではライフスタイルの全体像を捉えるインタビューに挑戦してみましょう。日常生活における趣味、仕事、社会活動や、長期的な目標や夢などを引き出した上で、相手にどのような課題やニーズがあるのかを探り、それを達成するための方法について一緒に考えてみましょう。

アドバイス

スコープを広げてインタビューを実施していくと、様々な課題やニーズが見えてきます。それら様々な課題やニーズの中から、表面的なものではなく、相手にとって解決することに価値があるものを見つけ出すよう心がけましょう。また、課題やニーズには多くの場合、その元となる原因があります。一方的に課題を決めつけたり、表面的な事象に囚われるのではなく、根本的な原因はどこにあるのか、それをどうしたら解決したり和らげることができるのかを考えてみましょう。

手 順

1　2人1組になります

1人はインタビュアー（聞き手）、もう1人はインタビュイー（話し手）となります。

2　生活について聞いてみましょう

毎日のルーティンだけではなく、仕事、趣味、社会活動への取り組み方や価値観などについても聞いてみましょう。

3　長期的な目標について聞いてみましょう

目標でも夢でも構いません。日々の生活を超えて達成 / 実現したいと考えていることはあるでしょうか。

4　様々なリサーチを組み合わせます

インタビュー以外のリサーチ手法も取り入れてみましょう。質問を投げかけるだけでなく、インタビュイーの家を訪問させてもらったり、重要な場所を案内してもらったり、仕事や趣味、生活の様子を観察するのもよいでしょう。

5　リサーチの結果を整理します

インタビューや観察の結果を整理し、相手のニーズと現状を踏まえて、HMWを作成してアイデアを出してみましょう。ダウンロード、テーマ作成、インサイト作成、HMW作成を経てアイディエーションをしてもよいでしょう。

6　アイデアをコンセプトにまとめてみましょう

現実的に実現可能であること、今から始められること、また相手が取り組んでもよいと思える具体的なアイデアを提案してみましょう。

振り返りと課題

作成したHMWは、インタビュイーにとって解決する価値が大きいと感じられるものでしたか？ また提案したソリューションは、インタビュイーが現実的に取り組んでみたいと思えるものでしょうか？ プロダクトやサービスづくりでも同様ですが、顧客に価値を届けるには、顧客が解決したいと思える課題を、顧客が受容するアプローチで解決する必要があります。

04 リサーチを起点に新しいサービスをデザインしてみよう

想定人数：	2〜4
想定時間：	4h〜

START

インタビューからコンセプト作成までの一連の流れを体験したい。

GOAL

インタビューからコンセプト作成までの一連の流れをクイックに体験したことにより、大きなプロジェクトに臨む自信がついている。

リサーチをもとに、解くべき問題を定義し、アイデアを出し、コンセプトを作る一連の流れを体験してみましょう。本エクササイズでは、プロジェクトをシンプルにするために、ゼロイチでのサービスコンセプトの創出に取り組みます。

デザインリサーチのプロセスに慣れないうちは、良いコンセプトを作ろうと意気込んだり、各ステップを自分が納得できるまで丁寧にやり込んだりせず、練習試合だと思って制限時間を設けて取り組むことをおすすめします。最後までやり切ることが重要です。一度、プロセス全体を通して体験することによって、リサーチからどのように問題が設定され、アイデアが生まれ、コンセプトに繋がるかの道筋が見えてくるはずです。

手順

1	**新しいサービスのテーマを設定します**	ファッション、健康、お金、スポーツ、音楽など、あなたの興味のある分野を設定しましょう。
2	**リサーチの目的を設定します**	設定したテーマにおいて、何を知ることができればよいかを考えてみましょう。例えば以下のようなものが考えられるでしょう。 — 人々が自身の健康をどのように意識し、それが行動に現れているかを理解する — 人々が資産形成に対してどのように捉えており、どのような工夫をしているかを把握する
3	**リサーチの計画を立て、実施します**	設定した目的を達成するために、どのようなリサーチをすればよいか考えます。計画を立てた上で、実際にインタビュー / 観察に取り組みます。
4	**リサーチの分析をしてHMWを作成します**	リサーチ結果をダウンロードして、インサイトを作成し、HMWを作成してみましょう。
5	**アイデアを出します**	HMWを使ってアイデアを出してみましょう。同僚や友達に協力してもらって、なるべく多くの幅広いアイデアを作ってみましょう。
6	**コンセプトを作成します**	コンセプトを作成し、何らかの形でアウトプットしてみましょう。

振り返りと課題

リサーチからコンセプト作成までのプロセスを振り返って、「ここはもっとうまくできた」「こうしたらよかった」と感じるところはありましたか？ プロセス全体を繰り返すことによって、各ステップを改善していくことができますので、改善できそうな点を意識しながら、何度でも取り組んでみましょう。

05 リサーチを起点に既存のサービスを改善してみよう

想定人数： 2〜4

想定時間： 4h〜

START

インタビューからコンセプト作成までの一連の流れを体験したい。

GOAL

インタビューからコンセプト作成までの一連の流れをクイックに体験したことにより、大きなプロジェクトに臨む自信がついている。

本エクササイズでは、既存のプロダクトやサービスを対象にし、改善に取り組んでみます。人々がプロダクトやサービスに対してどのように接しているかを、インタビューや観察によって把握することにより、解くべき問題を定義し、アイデアを出し、コンセプトを作ります。

ここで取り組む題材は、自分たちで開発・運営するプロダクトやサービスである必要はありません。とはいえ、全く知らないサービスではなく、自分たちの身近にあるものを題材に取り組むとよいでしょう。まずは全体のプロセスに慣れることが重要ですので、各ステップに時間をかけるのではなく、ある程度の制限時間を決めて、コンセプトまで作り切ることを意識してみましょう。

手順

1	**改善対象のサービスを決めます**	スマホアプリでも現実の何らかのサービス（公共施設や商業施設など）でも構いません。
2	**リサーチの目的を設定します**	使い勝手をよくする、新しい機能を追加する、利用頻度を高める、といったリサーチの目的を考えてみましょう。
3	**リサーチの計画を立てます**	設定した目的を達成するために、何を知ることができればよいかを考えてみましょう。そして、そのためには何が必要かリストアップしましょう。
4	**リサーチを実施します**	サービスを利用する人々に対してインタビューや観察をしてみましょう。またユーザー以外の様々なステークホルダーにもインタビューを実施できると、なお良いでしょう。
5	**リサーチの分析をしてHMWを作成します**	リサーチ結果をダウンロードして、インサイトを作成し、HMWを作成してみましょう。
6	**アイデアを出します**	HMWを使ってアイデアを出してみましょう。同僚や友達に協力してもらって、なるべく多くの幅広いアイデアを作ってみましょう。
7	**コンセプトを作成します**	コンセプトを作成し、何らかの形でアウトプットしてみましょう。

振り返りと課題

プロセスを振り返って、特に難しかった点はありましたか？ リサーチの目的を設定する時、リサーチの計画を作る時、リサーチを実行する時、あるいは分析やHMW作成において、どの部分がなぜ難しいと感じるのか、どうしたらもっとうまくできそうか、また得意な部分はなぜうまくいくのかを考えてみましょう。

06 リサーチを起点に業務改善に挑戦してみよう

想定人数：　2〜4

想定時間：　4h〜

START

インタビューからコンセプト作成までの一連の流れを体験したい。

GOAL

インタビューからコンセプト作成までの一連の流れをクイックに体験したことにより、大きなプロジェクトに臨む自信がついている。

用途と概要

デザインリサーチは顧客向けのプロダクトやサービスの改善だけではなく、業務改善でも威力を発揮します。本エクササイズでは、人々がどのように働いているかをインタビューや観察によって把握することにより、解くべき問題を定義し、アイデアを出し、コンセプトを作ります。

アドバイス

業務改善のためのリサーチに取り組む際には、対象となる人々がどのように仕事をしているかだけではなく、どのような人々とどのように関わっているか、人々の仕事の進め方や考え方を把握するように心がけましょう。会社勤めの方は身の回り（社内の特定の部署など）を対象にしたリサーチに挑戦してみましょう。また、プロセスの各ステップでドキュメントを残すことを心がけましょう。ドキュメントを残しておくことであとからプロセスを振り返り、どこが適切でなかったのかを検討することが可能になります。

手 順

1　改善対象の業務を決めます

例えば「カスタマーサポート」「自社製品の営業」など気になる業務を対象にしましょう。

2　リサーチの目的を設定します

例えば下記のような目的が考えられるでしょう。
— カスタマーサポート部門の離職率を改善する
— 自社製品の売上を高める
— ソフトウェア開発の効率を改善する

3　リサーチの計画を立てます

設定した目的を達成するために、何を知ることができればよいかを絞り、どんな人にどんな話を聞くとよいか考えてみましょう。社内であれば、インタビューに協力してくれる人を探しましょう。

4　リサーチを実施します

テーマに関連する人々に対して、インタビューや観察をしてみましょう。

5　リサーチの分析をしてHMWを作成します

リサーチ結果をダウンロードして、インサイトを作成し、HMWを作成してみましょう。

6　アイデアを出します

HMWを使ってアイデアを出してみましょう。同僚や友達に協力してもらって、なるべく多くの幅広いアイデアを作ってみましょう。

7　コンセプトを作成します

コンセプトを作成し、何らかの形でアウトプットしてみましょう。

振り返りと課題

作成した解くべき問題(HMW)やコンセプトを、対象となる部署の人々に共有し、フィードバックをもらいましょう。もし提案するコンセプトが受け入れられなかった場合は、プロセスを振り返り、どこに問題があったのかを洗い出してみましょう。

リサーチワークの進め方とマインドセット

最後に、「いざ、リサーチワークをやってみよう」と踏み出す時に確認したいポイントをまとめました。

企画から実施まで

● 誰が主導すべきか

この本を読んでいるあなたです。なぜならこの本を手に取ったあなたはデザインリサーチに意欲を持っているはずだからです。プロジェクトは一般的に、意欲を持っている人が主導するのがスムーズです。もちろん、社内や近しい場所に同種のプロジェクトをリードした経験が豊富な人がいるのであれば、協力を求めるのも良いと思いますが、自分たちのプロジェクトが置かれた状況を一番良く知っている自分たちで「まずはやってみる」ことが何より手っ取り早く、大切な第一歩となります。

● 目的は何か

リサーチワークを実施する時は目的を定めましょう。いつか使うかもしれないから手法を試してみたい、自分たちのサービスを利用するユーザーのことを知りたい、社内でアイデアを出したい、プロトタイプをテストしたい、その他プロジェクトが直面した課題を解決したいなど様々な目的があるかと思います。まずは、何のためにデザインリサーチのワークに取り組もうとしているのかを言語化し、その上でワークの内容を考えていきましょう。

● 誰と一緒にやるのか

誰とリサーチワークに取り組むのか？ これは最も重要なポイントです。同じ部署やチームの同僚といっしょに取り組む場合、ステークホルダーなど社内外の人々と取り組む場合、あるいは顧客と一緒に取り組む場合もあり得ます。

例えばカスタマージャーニーを作成するワークを実施するとして、同じ部署のメンバーで作成する場合は、チーム内での認識の差異やチームにとっての理想的なジャーニーを再確認するために有効でしょう。社内外の様々な人々と取り組む場合、立場の異なるステークホルダーの認識の差異（これは同じチームで取り組むより大きいはずです）や課題感や期待を明らかにすることができるかもしれません。顧客と一緒に作成する場合は、プロダクトやサービスのデザインで最も重要になる顧客の視点からマッピングすることができ、顧客の体験やそこに潜む課題やニーズを詳細に把握することができるでしょう。誰と一緒にワークに取り組むかによって出来上がるジャーニーはそれぞれ異なったものとなりますが、どれも意味のあるものとなります。

チーム分けの工夫

ワークによっては、複数のチームに分かれて実施するケースがあります。この時のチームは、可能であればスキルセットやバックグラウンドがバラバラになるようなメンバーで構成できるとよいでしょう。とはいえ、同じチームに部長と新入社員が混ざってしまうと対等な議論が難しい場合があります。そうした場合は組織での職位や年齢をなるべく揃えるなどの工夫が必要になります。バランスを見て決めましょう。

なお、人数指定のない数名のチームで実施するワークの人数については、1チームにつき3名から4名が適切だと考えます。作業量の多いワークの場合は4名いると効率よく進められることもありますが、状況によっては誰かの手が空いてしまう場合もあります。5名以上だと全員が議論に加わることが難しく、数名が傍観者となってしまうことがありますのであまりおすすめしません。

実施する環境

普段の業務で使用している場所とは異なる環境でリサーチワークを実施することにより、非日常を演出し、参加者の創造性が刺激されることを期待できます。色彩や自然光、調度品などによって作られる雰囲気は、私たちが一般にイメージするよりも大きな意味を持つものです。

しかしながら、このような部屋を用意するのが難しい場合も多いでしょう。筆者が顧客と一緒にワークショップを実施する際も、顧客の一般的な会議室で実施することは珍しくありません。

ただし、こうした時にもちょっとした小道具を用意しておくことで、いつもとは違う雰囲気を醸し出すことができます。例えば、お菓子や飲み物を用意しておく、ホワイトボードや大量のポストイットを用意しておく。あるいはレゴブロックのようなちょっとした玩具を手に取れる場所に置く、目に付く植物などを置いておく。壁にアート作品を飾ったり、これまでのプロセスを示した資料を貼っておく。あるいは音楽をかけてみるなども考えられます。ワークショップの日はいつもよりカジュアルな服で集まってみるなど、ドレスコードでいつもと違う雰囲気を出してみるのも手です。

少し気分を変えて、カフェやファミリーレストラン、公共施設、あるいは屋外などで実施することも良い選択となる場合があります。なお、この際は個人情報や機密情報の取り扱いに注意するのはもちろんのこと、他の利用者の迷惑にならないように心がけましょう。

また、昨今の働く環境の変化により、オンラインで実施することも増えてきました。オンラインの場合は雰囲気を変えようとしても限度がありますが、バーチャル背景の使用やBGMの再生、オンラインホワイトボードの活用などで、いつもと異なる雰囲気を作り出すことができます。オフラインで実施する場合でもオンラインで実施する場合でも、プレイフルであること（遊び心）を意識してみてください。

● リハーサルの重要性

ワークショップを実施する際に重要なのはリハーサルです。特にデザインリサーチに慣れていない方は、いきなり外部の方を招いたり、多人数を目の前にするのではなく、必ずリハーサルを実施するようにしましょう。想定していた進行に問題はないか、スタッフやファシリテーターの役割は明確か。資料を投影するのであれば、プロジェクター機材やスライドの準備は万全か。動画や音楽が含まれているのであれば、きちんと再生できるか。模造紙やペン、マスキングテープ、ホワイトボード、ポストイットなどの数は十分か。他の部屋から机や椅子などを運んでくるのであれば、その経路に問題はないか。当日の状況に違いはないか。夜間や休日に実施するのであれば、平日日中と比べて施設の運用が異なる点はないか。ジャーニーマップなどを描くのであれば、テンプレートは十分使いやすいものになっているか。プロトタイプなどは想定通り機能するか。参加者がそれぞれラップトップを持参するのであれば、コンセントの数は十分か。インターネットを使用するのであれば、速度は問題ないか。オンラインツールを使うのであれば、使い勝手に問題はないか。また多人数で同時に使用しても動作に問題がないか。確認すべき点は多岐にわたります。

また、多くの人が参加する場合にはロジスティクスの確認も必要でしょう。飲料や食料の手配はどうなっているか。お手洗いの数は十分にあるか。喫煙者がいる場合に喫煙所などは近くにあるか。遅刻者や早退者がいる場合の対応はどうすべきか。万が一、体調不良者が出た場合や、火災や地震などが発生した際の避難経路がどうなっているかについても確認しておきましょう。

● 実施に向けた準備

チーム内で実施する場合は事前のコミュニケーションを密に取れることが多いですが、他部署の人やステークホルダー、顧客と一緒にリサーチワークに取り組む場合は、参加者に対して事前に案内を送りましょう。集合場所、集合時間、簡単なタイムテーブル、必要であれば持参物や宿題についても、参加者が確認して慌てないよう余裕をもって、事前に案内しておきます。

リサーチワークを主導するファシリテーターやスタッフは、ワークショップ当日は参加者よりも早めに合流して、当日の流れを打ち合わせます。会場へのアクセスに不慣れな参加者がいるようであれば、建物の内外に会場までの経路を張り出しておくと親切です。なお、掲示物を張り出す場合は施設の管理者の許可を取る必要があるかもしれません。これも事前に確認しておきましょう。

また、必須ではありませんが、ワークショップ中に飲めるものやつまめるものを用意しておくことをおすすめします。ワークショップで頭を使うと想像以上に疲れます。お菓子などで糖分を補給することで、エネルギーを回復させ集中力の維持に繋がります。また、休憩時間にお茶やお菓子があることで、参加者同士の交流を促しリラックスした雰囲気作りに寄与します。

実施から実施後まで

● グリーティング

参加者が会場に到着したら順次、席に案内しましょう。参加者が座るべきテーブルが事前に決まっている場合は、参加者名を印刷した紙を各テーブルに置いておいてもよいでしょう。名札に名前を書くなど、ワークショップが始まる前に席について個々で進めておける作業があるようであれば、同時に案内をしておきましょう。

● チェックイン / チェックアウト

ワークショップ開始時間になったら、参加してくださったことに謝意を述べた上で、ワークショップの趣旨について説明します。続けて、簡単な自己紹介や、本日のワークショップに期待していることについて話してもらうなど、簡単なアイスブレイクを実施することもあります。

また、ワークショップの終了時にはチェックアウトとして、本日の学びについて共有してもらうことがあります。筆者が実施するワークショップでは、部屋の中で車座になってもらい、それぞれが感じたことや学んだこと、気付き、疑問点などを共有してもらうエクササイズを含めることが多いですが、必ずしも同様に行わなければならないものではありません。

● 宿題の出し方

複数回に渡るワークショップの場合、参加者に何らかの宿題をお願いすることがあるかもしれません。例えば特定の事項について調べてきてもらったり、実際にインタビューや観察などをしてきてもらう、発表資料を作ってきてもらうといった指示があり得ます。宿題は1人で取り組めるものもあれば、チームのうち複数人で、あるいはチーム全員で取り組むものも考えられます。宿題に取り組む中では気軽にファシリテーターに質問できないケースが多いので、できる限り参加者が戸惑わずに宿題を進められるよう、ガイドなどを準備するのがよいでしょう。例えばインタビューを実施してきてもらう場合、インタビューのリクルーティングはこのようにしてね、インタビューをしてこのテンプレートに埋めてきてね、といった具体的な指示を資料に落とし込んで誤解のないよう示すのです。

なお、これは日をまたいだワークショップでなくても、例えば午前中に会場でガイダンスを行い、午後は各チームごとに街に出てフィールドリサーチ、夕方にまた会場に戻ってきて情報を整理する、といった段取りであっても同様です。何をしたらよいかわからない・ガイドとなるハンドアウトがないという状態で、参加者を会場の外へ送り出さないように気を付けましょう。

ワークショップ後

ワークショップを運営する側としては、「ワークショップ後、どうなるか」が重要です。手法を学ぶことに重きを置くデザインリサーチワークであれば、参加者が楽しみながら新しい学びを得て、その後の参加者自身が行動に移せるサポートができれば十分であることが多いでしょう。

一方で、実際のプロジェクトに則したワークショップである場合は、ワークショップによって得られた知見や、生まれたアイデアをプロジェクトに取り込み活用していかなければなりません。活用の方法は、アイデア創出に関する発散系のワークショップなのか、コンセプト作成のような収束系のワークショップなのかによっても異なりますが、いずれにせよ「ワークショップしたね、楽しかったね」で終わらせない工夫が必要になります。

「当日何をするか」に注目にされがちですが、実際のところはプロジェクトの中にワークを位置づけるのであれば、準備と後片付けが9割、場合によってはそれ以上に重要なケースも珍しくありません。

運営チーム内で、ワークショップの振り返りもぜひ実施してみましょう。KPT（Keep, Problem, Try）などのフレームワークを使用し、良かったことや今後も続けること（Keep）と課題（Problem）についてそれぞれ意見を出し、今後やってみること（Try）を考えて行動に移せるようにしましょう。

また、次回以降同様のワークショップを実施する時のために、アンケートなどでフィードバックを集めておくのも重要です。可能であればワークショップのコンテンツの完了直後に回答のための時間を設けておきましょう。後日メールでアンケートのURLを送ることもできますが、筆者の経験上では回答率が低くなってしまいがちです。

マインドセット

⬣ 発散と収束

デザインプロセスは「発散」と「収束」の繰り返しです。発散とはマインドマッピングやブレインストーミング、あるいは自由な議論の形を取ることもありますが、新しいアイデアや視点を見いだすフェーズです。収束はアイデアを絞り込むフェーズです。発散フェーズで多く生み出されたアイデアの中から最も実行可能性が高く、価値のあるものを選択し、具体化していきます。デザインリサーチのプロセスでは、これら「発散」と「収束」のサイクルを繰り返すことによって広い範囲からアイデアを探索し、それをブラッシュアップすることによって価値の高いソリューションを導き出します。

ワークの中では、自分たちが今「発散」しているのか「収束」しているのかを意識してみてください。「発散」ばかりだといつまで経っても議論が前に進みませんし、「収束」にフォーカスしていると議論が行き詰まってしまう場合があります。意識的に「発散」と「収束」を切り替えることによって視野を広げ、プロジェクトを前進させましょう。

⬣ 手早く形にする

ワークの各ステップでは、時間をかけてクオリティの高いものを作成するよりも、まずは短時間で何らかのアウトプットを出すことを意識しましょう。アウトプットを見て方向性が合っているか、次にどう進めるかをチームで話し合いながら進めましょう。これによってプロジェクトに対するチームの緊張感が保たれますし、軌道修正が容易な状態で試行錯誤を繰り返すことによって最終的なアウトプットの品質が高まることを実感できるはずです。

⬣ オープン＆ポジティブ

ワークの中では参加者同士の対話によって多くの新たなアイデアが生まれます。次々と生まれる新しいアイデアを受け入れ、それらをもとにさらに発展させるためには、参加者それぞれがオープンなマインドを持つことが必要です。さらに、一見困難に見える問題を解決するためには「これは無理なんじゃないか？」と諦めの姿勢ではなく「私たちが解決できるはずだ」とポジティブな姿勢を保ち続けることも重要です。これにより、難しい状況であっても積極的にアイデアを出し、解決策を見いだすことに繋がるでしょう。このようにオープンでポジティブな環境は、参加者が自由に意見を交わし、お互いにインスピレーションを与え、より良いコンセプトを生み出すことに寄与します。

● 好奇心と遊び心

新しい価値は、しばしば好奇心と遊び心から生まれます。デザインリサーチでは一次情報を自分で探しにいき、そこに解釈を加え新しい価値を生み出す活動ともいえます。好奇心があるからこそ、人々が持つ潜在的なニーズや隠れた課題を見いだし、そこに対するアプローチを模索することが可能になります。さらに遊び心によって私たちの思考は柔軟になり、創造性が解放され、新しいソリューションの発見に寄与します。遊び心があることにより、参加者は既成概念に囚われず、通常では考えられないような新しい切り口から問題の解決を試みることができるのです。

おわりに

本書の表紙に書かれた「Build, Test, Repeat」、これは私の母校であるCIID（Copenhagen Institute of Interaction Design）が掲げるマントラでもある。アイデアやプロトタイプをクイックに構築（Build）し、テスト（Test）し、フィードバックをもとに改善を繰り返す（Repeat）というプロセスを非常に簡単な3つの英単語で端的に表現している。この極めてシンプルで、覚えやすいフレーズは、現代のイノベーションやデザインの文脈において、価値あるプロダクトやサービスを生み出すため、そして社会にポジティブなインパクトを与えるための鍵であると確信している。

この考え方はプロダクトやサービスそのものだけを対象にしているわけではなく、ものづくりのプロセスや組織文化に対しても適用していかなければならない。価値のあるプロダクトやサービスを生み出すためには、適切なプロセスが必要であるし、適切なプロセスでものづくりをするためには適切な組織文化が必要となる。「Culture Eats Strategy for Breakfast」と表現されることもあるが、組織文化はどんなに素晴らしいプロセスや戦略よりも強力であることが多く、プロダクトやサービスは当然のことながら組織内のプロセスによって生み出される。この意味において「Build, Test, Repeat」はCIIDが大切にするプロセスのみならず、組織文化そのものともいえる。

読者の皆様にも「Build, Test, Repeat」の精神をデザインリサーチの実践において意識していただきたい。デザインリサーチの中で予期せぬ障害に直面したとしても、それを失敗として捉えるのではなく、改善の機会としてポジティブに捉えることが重要である。プロセスの中で見つかる様々な「うまくいかない方法」を、次へのステップとして価値あるものに変えていくことが「Build, Test, Repeat」の本質である。

最後に、私が代表を務めるアンカーデザイン株式会社（www.ankr.design）の紹介を少しだけさせていただきたい。弊社はデザインリサーチやプロトタイピングを得意とするデザイン会社である。新規事業や新規プロダクト・サービス創出や改善のためにデザインリサーチを通して顧客を理解し、機会を見いだし、様々なプロトタイピング手法で価値を検証することを繰り返しながらより価値の高いプロダクトやサービスづくりの支援をしている。スマホアプリやWebサービスから物理的なプロダクト（家電製品や雑貨、アパレル、ロボットなど）、あるいは金融やヘルスケアのような無形サービスまで様々な領域でサービスを提供している。

もし、御社がプロダクトやサービスづくりでお困りのことがあれば、何らかの形で力になれるはずだ。もちろんデザインリサーチやプロトタイピングについて単に語り合いたいといった連絡でも歓迎する。お気軽にご連絡いただければ幸甚である。

木浦幹雄

木浦幹雄

アンカーデザイン株式会社 代表取締役
大手精密機器メーカーにて新規事業 / 商品企画に従事したのち、Copenhagen Institute of Interaction Design（CIID）にてデザインを活用したイノベーション創出を学ぶ。国内外の大手企業やスタートアップ、行政などとのデザインプロジェクト経てアンカーデザイン株式会社を設立。質的、量的によるリサーチをもとに人々を理解し、その過程で見いだしたイノベーションの機会に最先端のデジタル技術を融合させ、仮説検証としてのプロトタイピングを通した持続可能な体験作りを得意とする。IPA未踏スーパークリエータ、グッドデザイン賞など受賞多数。著書に『デザインリサーチの教科書』（小社刊）がある。X：@kur

デザインリサーチの演習

2024年 4 月15日　初版第 1 刷発行

著者　木浦幹雄

発行人　上原哲郎
発行所　株式会社ビー・エヌ・エヌ
〒 150-0022
東京都渋谷区恵比寿南一丁目 20 番 6 号
E-mail: info@bnn.co.jp
Fax: 03-5725-1511
www.bnn.co.jp

印刷・製本　シナノ印刷株式会社

イラスト　芦野公平
デザイン　駒井和彬（こまゐ図考室）
編集　石井早耶香
協力　アンカーデザイン株式会社

※ 本書の内容に関するお問い合わせは弊社 Web サイトから、またはお名前とご連絡先を明記のうえ E-mail にてご連絡ください。
※ 本書の一部または全部について、個人で使用するほかは、株式会社ビー・エヌ・エヌおよび著作権者の承諾を得ずに無断で複写・複製することは禁じられております。
※ 乱丁本・落丁本はお取り替えいたします。
※ 定価はカバーに記載してあります。

©2024 Mikio Kiura
ISBN978-4-8025-1286-2
Printed in Japan